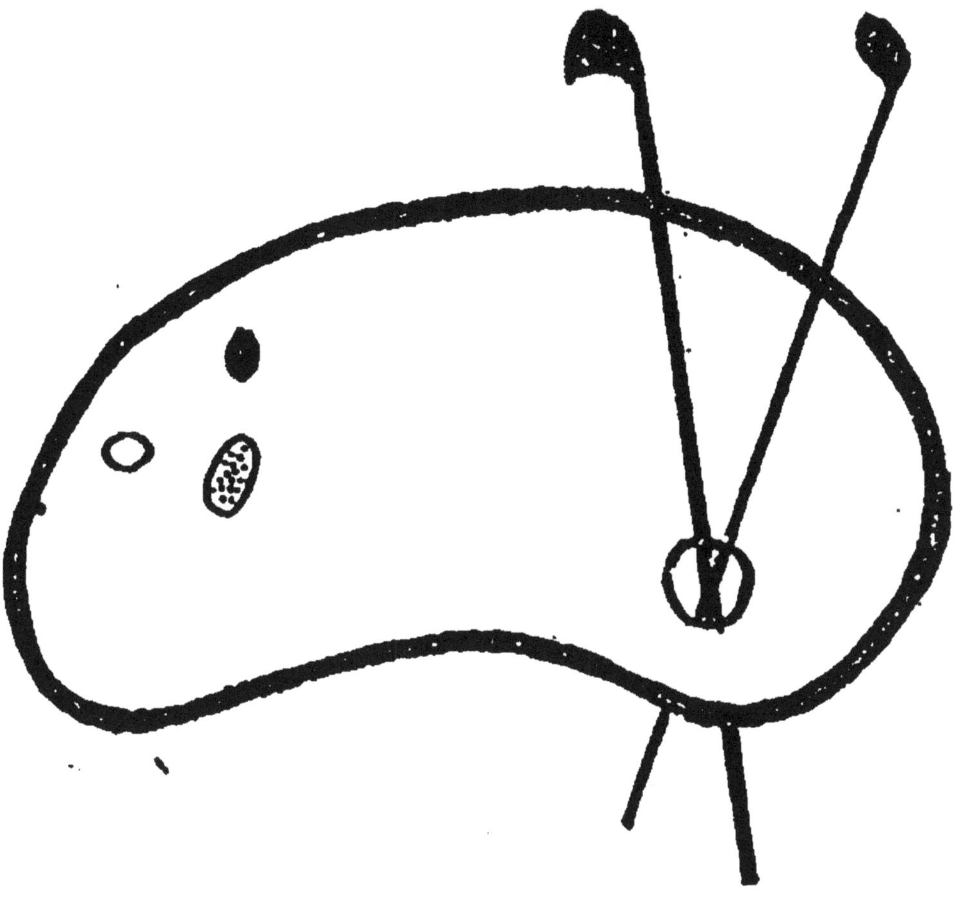

COUVERTURE SUPERIEURE ET INFERIEURE
EN COULEUR

ARCACHON

PROMENADE A TRAVERS BOIS

PAR

HENRY MARET

PARIS
LE CHEVALIER, ÉDITEUR
RUE DE RICHELIEU, 60

A LA MÊME LIBRAIRIE

HISTOIRE ILLUSTRÉE DES GIRONDINS, par M. A. DE LAMARTINE.

3 volumes contenant plus de 400 gravures.
En vente : le 1er volume, prix : **6** fr. **50**.

GRAND ET NOUVEL ATLAS UNIVERSEL, physique, historique et politique de géographie ancienne et moderne, composé et dressé par DUFOUR, gravé sur acier par DYONNET.

40 cartes de 0m,77 sur 0m,55, avec un cahier de notices relié à part.
140 fr.

ENCYCLOPÉDIE MILITAIRE ET MARITIME, par le comte DE CHESNEL.

2 vol. grand in-8 de 1320 pages, avec 1700 gravures.
Brochés : **32** fr.; cartonnés : **35** fr.

VOYAGE ILLUSTRÉ DANS LES DEUX MONDES, par MM. MORNAND et VILBORT.

Magnifique volume de 404 pages in-4, avec 775 gravures.
Broché : **15** fr.; relié et doré sur tranches : **20** fr.

CAHIERS D'UNE ÉLÈVE DE SAINT-DENIS, cours d'études complet et gradué pour les filles.

12 volumes. Brochés : **49** fr.; cartonnés : **52** fr. **75**

Chaque volume se vend séparément.

Paris, Typographie de Cosson et Comp., rue du Four-St-Germain, 43

ARCACHON

PROMENADE A TRAVERS BOIS

LK7
12010

ARCACHON

C494

PROMENADE A TRAVERS BOIS

PAR

HENRY MARET

PARIS

LE CHEVALIER, ÉDITEUR

RUE DE RICHELIEU, 61

1865

ARCACHON

PROMENADE A TRAVERS BOIS

I

UN HIVER A ARCACHON

Lettre pouvant servir de préface

Mon cher ami,

Vous me demandez, avec un étonnement bien naturel, comment un Parisien peut fuir Paris en plein mois de décembre; comment il a le courage d'aller chercher une solitude à cent soixante lieues du Panthéon, au bord de l'Océan, dans un désert peuplé de sapins; et surtout, comment, après avoir choisi là-bas son asile, il pousse l'abnégation, vous diriez même la folie, jusqu'à vouloir y demeurer plusieurs mois. Car, de croire qu'il se trouve un être assez insensé pour avoir l'idée du voyage, ce n'est rien moins que malaisé : tout arrive; mais que cet être persiste dans son projet, l'accomplisse et s'en félicite, voilà ce qui vraiment vous échappe, et dont vous exigez l'explication, sans l'obtenir des gens de bon sens. Sacrifier trois mois, et quels mois? ceux-là même où Paris est tout à fait Paris; ceux-là même qui ramènent le monde, les plaisirs, les fêtes, les soirées, les bals, les soupers; ceux-là qui assistent à la publication des belles œuvres, aux premières représentations de toutes les comédies, celles du théâtre et celles des palais; ces mois, enfin, qui ne sont qu'un long carnaval, apprécié de chacun, aimé de celui qui se déguise, estimé de celui qui ne se déguise pas, hanté par la grande dame, adoré des facteurs, des portiers et des filles, créateur de tout ce qui brille, père de tout ce qui réjouit, grand joyeux, qui étend son manteau sur la vaste capitale, et dont le rire gargantuesque éclate également sous les colonnes de la Madeleine et près des statues du Luxembourg. S'il n'est forcé, l'exil est alors incompréhensible ; si l'exilé est heureux, que penser de lui?

Vous penserez ce qu'il vous plaira; mais il me sera facile de m'expliquer. Je me souviens assez de ma rhétorique pour savoir qu'en un discours, une bonne division est un grand pas de gagné. Mon professeur serait content, s'il me pouvait voir ainsi partager en deux points les preuves à l'appui de ma proposition. Ma proposition est celle-ci : que j'ai raison d'être ici, et que vous avez tort d'être là bas... Je dois donc vous montrer qu'à Paris on est mal, et que dans mon désert on est bien.

Et d'abord, sachez, si vous l'ignorez, qu'à Paris il fait froid. A vrai dire, vous ne pouvez tout à fait l'ignorer; car, quelques garanties qu'on prenne contre l'hiver, et les meilleures sont d'avoir cent mille livres de rente et un manteau de fourrure, vous ne sauriez néanmoins échapper entièrement aux épouvantables rigueurs d'un climat, bien digne du mépris qu'il inspirait à nos aïeux les Romains. Je sais bien que certaines gens avouent aimer le froid; plusieurs prétendent préférer les frimas au soleil... J'en sais aussi qui disent s'épanouir aux batailles, sourire au danger, n'avoir jamais autant de plaisir que lorsqu'on leur coupe un bras, ou que le fer entre dans leur poitrine... Entre nous, je crois autant à l'un qu'à l'autre. Maintenant, ces bals, ces soirées, ces fêtes, tout ce cliquetis plus ou moins harmonieux que la mode rend nécessaire et que vous appelez la *saison*, si c'est là ce que vous recherchez, c'est précisément là ce que je fuis. Le *monde* m'a toujours paru un mot inventé à plaisir, et qui n'existe que dans les imaginations. Un ami vous vient voir : il a son habit noir, ses gants frais, un gilet éblouissant... « Où vas-tu? lui dites-vous. —Je vais dans le monde...» Donc, le monde n'est, ni vous, chez qui il est, ni lui, qui va ailleurs. Chacun en dit et s'en fait dire autant. Qu'une jeune femme fasse une faute, vous entendrez toutes les bouches répéter, dans tous les salons, ces mots sacramentels : « *Que dira le monde?...* » Puisque personne ne sait ce qu'il dira, personne n'est lui, personne n'en est; le monde n'existe pas. Les *plaisirs* (nous ne parlons que de ceux qui sont honnêtes), qu'est-ce? Une *soirée*, c'est-à-dire trois ou quatre heures passées dans un salon, entre des femmes pincées et des hommes à favoris... Un *bal*, c'est-à-dire le plus ridicule des mouvements dans le plus ennuyeux entourage... Le *jeu*, un souci qu'on se crée volontairement, comme si les soucis étaient chose rare et précieuse !... Les *soupers*, avouons qu'ils ne sont amusants qu'en cabinet particulier, et que tous ceux qui portent un caractère officiel ressemblent à des plaisirs, comme le brodequin du tourmenteur ressemble à un brodequin ordinaire... Pour ma part, je ne comprends pas qu'on puisse boire et manger avec un gilet blanc. Qu'on prenne part à toutes ces fêtes quand on y est forcé par son ambition, c'est bien; mais ne dites pas que vous vous amusez... Les femmes le font croire à quelques niais, parce qu'elles s'amusent fort de toutes ces choses; la femme s'amuse partout où elle brille, partout où elle plaît, partout où elle envie... Mais le dandy, qui aurait la prétention de briller et de plaire ailleurs qu'en tête à tête, serait vraiment un pauvre et misérable ignorant... Supposons un instant qu'aucun de ces usages n'existe, et qu'à un homme quelconque, Lapon, Chinois ou Mantchou, vous veniez faire cette proposition : « Vous, qui êtes chaudement et confortablement vêtu, vous allez endosser des vêtements qui vous gêneront sans vous couvrir; vous vous rendrez ainsi chez des gens que vous ne connaissez pas, ou que vous connaissez peu, qui ne sont pas vos amis, mais vos rivaux; si vous n'allez pas chez eux, vous les inviterez à venir chez vous... De toutes façons, vous arracherez votre nuit au sommeil bienfaisant, pour la consacrer tout entière à trouver quelque chose d'agréable à ces gens-là... Vous causerez de mille billevésées; vous écouterez mille entretiens qui ne vous apprendront rien... Vous renoncerez à toutes vos habitudes, ces habitudes si chères au cœur et au corps humain; tout à coup, dans une salle à l'atmosphère étouffante, on vous forcera à sauter ou à glisser, sans autre but apparent que celui de porter une femme dans vos bras... But fort joli, si la femme est gracieuse, et que vous ayez le droit de déposer un baiser sur de blanches épaules; mais ce droit, vous ne l'avez pas, vous ne l'aurez jamais... Quand vous serez fatigué, on vous conduira à une table, où, tout en remuant des bouts de carton représentant des personnages ridicules, quelqu'un vous prouvera que vous lui devez vingt louis, ou quelque autre vous les donnera, et vous vous serez fait un ennemi mortel de cet autre.. Enfin, à l'aurore, quand vous commencerez à vous demander ce que tout cela signifie, les femmes déjà laides prendront place à un repas dont personne n'a besoin; vous, demeuré debout, vous mangerez, si vous mangez, plus malaisément que vos propres esclaves... Si vous n'êtes pas chez vous, vous fuirez à l'air glacial du matin, frissonnant et pâli; si vous êtes chez vous, vous réfléchirez qu'avec l'argent dépensé, vous auriez épuisé mille jouissances, nourri dix mille pauvres... » Je suis sûr que, sans hésitation, le Lapon répondra : « J'aime mieux mon feu de sapins dans ma hutte de neige...; » le Chinois : « J'aime mieux fumer l'opium sur le sein de ma maîtresse aux petits pieds...; » et le Mantchou dira : « J'aime mieux dormir. » Voilà pourtant ce que vous faites tout l'hiver.

Pendant ce temps-là, plus sages, nos voisins les Anglais chassent le renard ou fêtent la Noël; ils se gardent bien de danser avant la chaleur, et de revenir à Londres avant le printemps. Quand persuaderons-nous à nos Parisiens que l'époque la moins favorable à leurs réunions est précisément l'époque qu'ils choisissent, et qu'ils abandonnent la capitale au moment précis où ils devraient l'habiter?

C'est alors que l'on fixe les premières représentations : tant pis ; c'est alors que les Chambres s'ouvrent et que les ministres pérorent : tant pis encore ; ce sont gens à entendre de loin. Quant au carnaval..., nous nous sommes promis de ne pas aborder les sujets peu moraux ; et n'insistez pas, car, si vous me poussiez le moins du monde, je vous montrerais promptement comme quoi la femme la plus honnête offense grièvement la morale en prenant un costume de débardeur ou de Folie, ce qui l'étonnerait..., et vous aussi, peut-être.

Si je voulais achever de briser le front à votre Paris d'hiver, j'aurais trop beau jeu : je l'épargne. Je viens à mon cas. Je vous ferai grâce, tout d'abord, des descriptions poétiques de l'endroit où je me trouve. Ouvrez simplement un poëte qui parlera des forêts, de la mer et de l'azur... ; ils en parlent tous... Vous avez lu? Eh bien ! voilà où je suis. Je ne vous dirai rien, non plus, des bienfaits de ce séjour, de la santé rendue, de l'air résineux : vous vous portez comme l'Hercule

Farnèse... Je veux simplement opposer à la vie que vous menez là-bas la vie qu'on mène ici, à vos heures d'ennui mes heures de bien-être.

Vous avez loué, si je m'en souviens bien, un délicieux petit entresol de la rue du Helder; vous êtes un des favorisés de la terre; tout le monde vous porte envie, excepté moi... Certes, vous avez de très-jolis meubles, des tapis assez élégants, des rideaux de fenêtre qui ont coûté beaucoup plus que les miens; mais avouez, que votre plafond est bas, que votre portière est acariâtre, et que, lorsqu'on rencontre votre propriétaire, on se demande si l'on n'a pas compromis l'eau sainte du baptême en la versant sur cette tête-là... Moi, j'habite une charmante villa, un chalet véritablement artistique; un large balcon odorant court autour de mes fenêtres, abrité par les sapins verts; pas le moindre concierge; quant à mon propriétaire, c'est une compagnie... Une compagnie, cela n'a pas de figure, on n'est pas contraint de saluer cela. Le matin, à votre lever, vous ne donnez pas d'air à votre chambre; si vous ouvriez, par hasard, un vent glacé vous apporterait des odeurs de bitume et des bruits de voitures heurtant un pavé endolori. Ici, le premier tour donné à l'espagnolette, je rencontre un rayon de soleil, exact à m'attendre là... Point de brise, mais un âcre parfum qui fait bondir d'aise l'estomac et le cerveau...; le fracas harmonieux des flots roule, fécond en rêves... Votre œil plonge sur la glace du ruisseau, le mien sur la mousse verdoyante, sur l'arbousier aux fruits rouges comme des fraises.

Levé, je vous connais, vous faites allumer votre feu, et vous vous habillez. Moi aussi, à cette différence que vous vous habillez jusqu'au déjeuner, et moi durant un quart d'heure. Votre feu, mélange hasardeux de charbon et de bois rétif, ou s'obstine à ne point vous réchauffer ou absorbe tout l'air respirable contenu dans votre appartement; j'ai la résine en flamme pour m'égayer, un grand horizon pur, qui n'a jamais connu le zéro du thermomètre. Je lis, je travaille ou je sors; quoi que je choisisse, je l'exécute dans d'aimables conditions : la solitude pour le travail; pour la promenade, beau temps et beau pays. Croiriez-vous qu'en janvier, je m'assieds sur la mousse et sur le sable, comme je le faisais, en juillet dernier, à Meudon, les jours où il ne faisait pas trop froid? Vous, si vous jouissez de ce qu'on appelle une belle gelée (cela arrive quatre fois par hiver, le reste du temps il pleut), vous montez à cheval et vous courez au bois... Certes, si j'aimais le cheval ou la voiture, je pourrais vous imiter; mais j'ai l'idée qu'on s'échauffe mieux en marchant. Vous souriez de ces derniers mots, car je n'ai pas le bois de Boulogne. Le ravissant endroit, en effet! je préfère le décor de *Guillaume Tell*, et je m'y promènerais avec cent fois plus de plaisir. Encore un usage, une mode, un convenu. Oh! que ne suis-je Voltaire!... Vous allez là, toujours dans la même allée... Diable! tout serait perdu si vous tourniez à gauche... Vous suivez un lac qui est un lac, comme l'infiniment petit de M. Pasteur est un éléphant; mais vous vous souciez bien du lac! il s'agit, pour vous, d'être un atome quelconque dans la cohue de voitures et de cavaliers qui encombre cette unique route...; avancer, revenir, saluer, être salué; et tous, qui que vous soyez, fats ou lords, commis ou ministres, jolies femmes ou vieilles duchesses, obéir à quatre ou cinq sergents de ville dont vous ne voudriez pas dans votre antichambre..., cela m'humilierait : il paraît que c'est de bon goût.

Ma foi, moi, je me livre à des courses effrénées, et ce ne m'est pas, je vous assure, un médiocre soulagement de ne plus voir d'autres agents de sureté que des chiens blancs ou noirs, tachetés ou mouchetés. Mais j'oubliais : parfois vous *courez* aussi, ou, tout au moins, vous faites courir les autres... Voilà une distraction, un changement à vos promenades de l'avenue de l'Impératrice... Vous vous disposez tous sur de petits gradins, pour regarder quoi? Sept ou huit coursiers, peu dignes de ce nom poétique, montés par autant de nains médiocrement beaux, et galopant autour d'un grand champ... Quand ils ont fait trois ou quatre fois le tour d'un grand champ, vous paraissez enchantés... Au fait, vous avez peut-être des raisons pour cela... Nous n'avons pas le crâne fait de même...

Le soir... N'est-ce pas que c'est là où vous m'attendez? N'est-ce pas que vous vous dites en vous-même : « S'il confesse qu'il travaille, je l'écrase...? » Eh bien! non, je ne travaille pas. Ici, le solitaire jette le masque, l'homme du désert avoue l'oasis... Vous figuriez-vous donc que j'avais succédé à l'hermite de la chapelle, et que la grotte du saint Arcachonais ne renferme encore que ses vestiges sacrés? Mais, si j'aimais le jeu, j'ai un Casino superbe, où sont tous les jeux: si j'aimais à lire les journaux, j'ai un cabinet de lecture, où sont tous les journaux; si j'aimais les visites, j'ai une trentaine de villas comme la mienne, habitées par des familles dont la distinction est aussi incontestée que la fortune : des Anglais, des Hollandais, des Russes, voire même des Français ; j'ai aussi des ministres, j'ai souvent des millionnaires... Seulement, ces gens-là me ressemblent : on ne quitte pas une capitale pour s'en refaire une autre où l'on va. Ils vivent, d'ordinaire, chez eux, et haïssent les importuns.

Le soir, pourtant, on se rassemble sans gêne, sans obligation, sans étiquette. Chacun choisit la société qu'il aime, le genre de bonheur qui lui convient. Ce n'est pas le désert, ce n'est pas la province, et ce n'est pas Paris... Ce n'est pas le désert, parce qu'on n'y est pas seul et qu'on peut y être aimé ; ce n'est pas la province, parce qu'on y rencontre des femmes jolies et spirituelles, que les modes et la grâce ne sont pas en retard, et que l'arrivée et le départ transforment ce lieu en une étape de voyage, et par conséquent, de progrès ; et ce n'est pas Paris, je me tue à vous dire pourquoi.

Pour moi, qui me pique d'une certaine manie d'observation, je rapporterai de cette extrémité du monde une collection de types, tels que Paris ne m'en eût pu fournir pendant plusieurs années. Aucune autre ville d'eaux ou de bains n'aurait eu cette fertilité, parce que, dans aucune autre ville, les voyageurs ne sont aussi connus, ne se montrent ainsi dans leur déshabillé. Les hôtels sont de vastes cités ; chaque chambre y est une maison close, et vous êtes plus loin de votre voisin que si la rue vous séparait. Autre chose sont les villas d'Arcachon : on y passe, et cependant on y demeure; on s'y lie, et parfois, comme il arrive en Suisse, comme je l'ai remarqué dans toutes les régions sauvages, une rencontre due au hasard devient la source d'une amitié qui se continue dans le temps et dans l'absence.

Donc, nous faisons de la musique, nous chantons, nous rions, nous contons nos diverses aventures. L'Anglais, vrai *maysterer of the Game,* narre les exploits des *fox-hounds* (chiens à renards); le Hollandais explique les règlements d'une secte qui n'en a pas ; le Russe a beaucoup à dire sur l'ours et sur la neige; la

Parisienne, encore plus sur son dernier chapeau. Nous passons ainsi du grave au doux, du plaisant au sévère; et, pourvu que nous ayons bien soin de laisser à la porte toutes les préoccupations passées, pourvu qu'on ne joue pas trois fois de suite l'*Invitation à la valse*, pourvu qu'aucun enfant ne soit méchant, nous atteignons l'heure du repos avec le contentement du sage, au milieu des simples joies du vrai disciple d'Épicure.

Vous me direz que tout cela ne vaut pas l'Opéra. Peut-être. Mais qui vous empêche de me donner l'Opéra l'été, et de me laisser tranquille l'hiver? L'hiver, je ne connais que deux choses agréables: le bois qui pétille au foyer, et le soleil. Vous ne sauriez croire combien le soleil est plus délicieux en hiver qu'en été... Vous, dès qu'il fait trop chaud à Paris, vous vous hâtez de descendre vers les pays où il fait beaucoup plus chaud; en revanche, à la première gelée, vous regagnez la ville des frimas.

Vous le voyez, malgré moi, j'en reviens toujours au thermomètre... c'est qu'en effet voilà ma meilleure raison, celle d'où découlent toutes les autres. Que vous dirai-je encore? Sans doute vous me trouverez beau joueur... Je ne vous parle même pas du voisinage de Bordeaux, où, à la rigueur, je puis entendre l'opéra. Je ne vous en parle pas, par ce que je ne l'aime pas... A quoi bon vanter la campagne si l'on fait ses excuses à la ville?... Entre nous, Bordeaux est la ville la plus ennuyeuse, la plus nauséabonde, la plus impossible... Il faudrait toutes les épithètes de Mme de Sévigné, et nous ne serions pas au bout.

Vrai, je pense à vous avec regrets et espoir; je vous plains autant que vous me plaignez... Mes désirs ne s'en vont pas vers ce Paris boueux, gelé, répugnant, dont vous jouissez, et qui n'est, avouez-le, qu'une création de puffistes, qu'une mauvaise plaisanterie de la réclame... Quant au Paris coquet, ruisselant de lumière solaire, entouré de champs verdoyants et de forêts amoureuses, ce Paris de la grisette, de l'étudiant, du poëte, que fuit votre monde, et qui n'en est que plus beau, ce Paris-là, je l'aime... J'ai pour lui l'affection d'un enfant de son sol, le respect d'une âme qui ne s'est pas blasée au contact du faux et du clinquant, l'admiration d'un Français, qui ne comprend Versailles qu'avec le *nec pluribus impar*, et qui n'admet les parcs que lorsqu'on s'y peut promener.

Mes explications sont données ; si elles vous satisfont, venez, je vous serrerai la main ici. Mes amitiés à votre gros chat noir, un philosophe, s'il en fut, qui n'a besoin que de quatre murs pour être heureux, et qui a sur nous la supériorité de ne pas savoir où sont ces quatre murs.

A vous...

HENRY MARET.

P. S. — J'oubliais de noter qu'à Arcachon, personne ne reçoit le *Petit Journal*.

H. M.

II

L'ARRIVÉE — ASPECT DU PAYS

Lorsque j'y arrivai......

Cette fois, je n'écris ni pour mes lecteurs d'Arcachon, ni pour mes lecteurs de Bordeaux, qui, tous, savent mieux que moi ce que je vais dire; je m'adresse aux Parisiens et à l'univers, *urbi et orbi*.

Donc, lorsque j'arrivai à Arcachon, la nuit était fort noire; j'aperçus à ma gauche une sorte de palais chinois, qu'on m'apprit être le buffet; je vis devant moi un château féodal, qui me sembla blanchi pour la circonstance, tout comme la façade de l'Institut, et j'entendis derrière, le sourd mugissement de la mer, qui s'approchait lentement.

Cette entrée est imposante, me dis-je, la majesté ne serait-elle pas incompatible avec les créations industrielles du dix-neuvième siècle?

Si vous vous plaignez de ce que je ne fis pas de plus longues réflexions, je vous avouerai qu'un immense appétit fut la cause du silence de mon esprit. Estomac affamé n'a jamais rêvé avec grâce.

Je suivis le boulevard de la plage, longue avenue plantée de maisons ; et si jamais le mot planter fut à sa place, c'est bien sur cette ligne où j'écris ; car chacune de ces maisons projette, en guise d'arbres, une série de colonnettes régulièrement espacées.

Je pris le temps de descendre sur la plage même; mais la mer se montra coquette; elle s'était couchée dans l'ombre épaisse, et se contentait de ronfler à l'horizon. Je pris un peu de sable à mes bottines, et m'en revins.

Une croix était là, et mon imagination vagabonde dressa aussitôt, sur le lieu même, quelque souvenir affreux... Je vis des navires en détresse, des pêcheurs noyés, des cadavres méconnaissables ;... je récitai des vers de Hugo ;... puis la faim me fit d'amers reproches, et je suis aujourd'hui très content de l'avoir écoutée, attendu qu'on m'a conté depuis l'histoire de cette croix qui me faisait ainsi rêver, et cette histoire n'est rien moins que lugubre.

A cent pas, la chapelle, charmante petite église, dédiée à la Vierge, comme toutes les églises des côtes, et jetant dans l'infini son aiguille blanche qui domine l'Océan. Ici-bas, il y a deux sortes de phares, destinés à guider le matelot : la tour enflammée qui lui montre le rivage, le clocher virginal qui lui montre Dieu.

Derrière la chapelle, on s'engage dans la forêt; à l'odeur âcre de la mer succède l'âcre odeur des pins; à mesure qu'on gravit et qu'on pénètre, il semble que le vent vous abandonne et que le calme se fait. Une élévation de température annonce un climat étrange et particulier; là, comme au golfe de Provence, on est saisi, on reste étonné de cette subite transformation; quand il y a différence de latitude, il y a nuance et gradation ; mais les pays abrités sont des caves qui surprennent toujours le voyageur ;.... leur atmosphère n'est chaude que parce qu'elle est égale.

A ma droite j'avais l'immense parc Pereire;... tout-à-coup, je me heurtai contre Riquet, un chien aboya, on m'ouvrit, et je me trouvai jeté soudainement, moi crotté, moi fatigué, moi avide, au milieu d'une société toute parisienne, toute élégante, toute reposée, et semblant ne pas plus se douter qu'elle fût au centre de dunes sauvages, qu'un tableau de Delacroix ne pense être exposé dans une salle du boulevard des Italiens.

Ce qui, selon moi, fait la véritable supériorité d'Arcachon comme station d'hiver, je viens de le toucher dans ces deux mots, et le lendemain, à mon réveil, j'en eus, plus clairement encore, la ravissante conception. Les autres villes, quelle que soit leur situation exceptionnelle, sont des villes, et, par conséquent, point de solitude ; leurs campagnes, si elles ne subissent pas la gelée, subissent l'automne, et, par conséquent, point de verdure; quant aux pays vraiment chauds qui ont tout cela, ils sont éloignés, et, par conséquent, point de Parisiens, point de modes, point de conversations, point de vie civilisée, cette vie qui est notre second air, à nous. Que diriez-vous d'une ville qui ne serait pas une ville, mais une forêt : soixante lieues de pin d'un côté, l'Océan de l'autre ? De ci, de là, des villas, chalets mystérieux, jetés au hasard, et occupant des situations ravissantes ;... entre chacun d'eux, des tournants obscurs, franchis en quelques minutes, et cependant si pittoresques, si conservés, si vrais, qu'avec pas du tout de bonne volonté on peut se croire à mille lieues de Paris, quand on est à deux pas de sa demeure. Partout, pourvu qu'un faible soleil brille, les chaudes et resplendissantes couleurs de l'été. Les pins sont toujours verts, la mousse est toujours fraîche ; le désert, le repos, l'oubli, des paysans à échasses, des mœurs curieuses, un patois qui est presque une langue, et, au milieu de tout cela, repos du repos, activité de l'oisif, un casino merveilleux, des journaux, des livres, de jolies femmes dans les salons, de bons repas dans les salles à manger, des hommes d'esprit dans leurs cabinets, reflet du monde dans le rêve, la capitale de la France dans la vieille Gaule de Julien.

Tel est Arcachon. Qu'en dites-vous?

Pour cette création, il ne fallait pas seulement un grand capital, il fallait une grande intelligence. L'un et l'autre se sont rencontrés. Cela arrive. Le million a servi l'idée, ou, pour mieux dire, le million et l'idée ont été dominés par la même tête, l'art est devenu riche, la richesse est devenue artiste. On a, tout à la fois, gardé et créé. La nature n'a rien perdu, la civilisation a tout gagné. Cela durera-t-il? je ne sais. Mais moi, artiste, moi, poëte, je déclare que, pour la première fois, j'ai trouvé la réalité non inférieure au songe, et j'ai compris la grandeur de ce progrès que j'avais nié, en contemplant les maçonneries de Rivoli près des splendeurs de Saint-Jacques.

En vous parlant d'Arcachon, je négligé sciemment le côté sanitaire. D'autres, près de moi, vous en disent ce qu'il faut. Je m'attache spécialement à cet aspect poétique que je n'attendais pas, et qu'on a trop délaissé. Il y a quelques années, on méprisait fort ce département des Landes. L'homme croit sans cesse qu'il fera mieux que ce qui est. Le *Maître Pierre* d'About, ne vous conseillait-il pas de faire pousser du blé sur ce sable? Ce n'est pas ainsi qu'à mon avis on doit réformer la nature. A vrai dire, on ne doit pas la réformer, mais l'aider. N'ôtez pas ces pins, rendez-les utiles; voilà ce qui s'est fait, et la grâce est restée. Cette grâce suprême et universelle, qui avait donné l'âge d'or aux premiers êtres, et qui, tuée par les ignorants de l'industrie, laisse à sa place l'ennui, la maladie et la mort. En ce temps-là, qui se souciait de l'avenir de ce pays? Les conseils même prouvaient qu'on en désespérait. Qui pensait à ce bassin d'Arcachon, une Méditerranée plus petite que l'autre, mais calme et bleue comme elle? Qui n'insultait ces sapinières traitées d'inutiles, comme tout ce qui est beau et grand? Inutiles? nous en rions aujourd'hui. Quand même ces bois ne contiendraient pas en eux la force et la guérison, ne sont-il pas ceux-là qui, l'été, repoussent les rayons du soleil et ouvrent l'horizon des promenades ombreuses? Ne sont-ils pas ceux-là qui, l'hiver, chassent le vent froid du nord, et vous abritent mollement sous leur feuillage discret et sourd?

Il y a des gens qui trouvent ces choses-là inutiles.

L'espace qui m'est réservé ne me permet pas, cher lecteur, de vous entraîner au travers des mille promenades d'un curieux, parmi les explorations en tout sens d'un voyageur. Ailleurs, bien des observations trouveront leur place. Ne riez pas; il y a ici un pays à découvrir. Au reste, il y en a partout. Depuis longtemps, ma conviction est faite là-dessus.

Dès ce lendemain, j'allai visiter la villa Pereire... Il serait difficile de rêver un plus superbe observatoire; ce Casino, que j'ai nommé, et dont la grande salle est une imitation de l'Alhambra; la Caoudeyre, Sainte-Cécile, que sais-je encore? Le hasard guide vos excursions; vous pouvez suivre ce maître : il vous conduit du joli au terrible, de la vague mourante au ravin tortueux... Plus tard, il fallut se rendre au Moulleau, une colline que surmonte un couvent de Dominicains, en présence même du phare, colonne fixe, jaillissant de la mer pour soutenir le ciel. C'est à ce phare qu'un bateau vous conduit, et là vous trouvez l'Océan. L'Océan s'est fait doux pour le malade; il a affaibli sa grande voix, pour ne pas troubler le sommeil des Arcachonais convalescents. Mais là, derrière le Cap, il se relève terrible, et semble se venger de son silence. On dirait qu'il est heureux de bondir, tant il écume; on dirait qu'il est heureux de gronder, tant il rugit. La bête fauve reparaît. De loin en loin, quelques barques de pêcheurs; les vaisseaux sont rares... c'est terrible. Cependant on revient doucement, et l'on ne sait trop, en abordant, si l'on a parcouru une eau salée, ou l'onde transparente du lac de Genève.

Mais je me laisse aller à discourir... Il est une heure : le ciel est bleu ; le soleil mêle de l'argent aux émeraudes de la forêt. Certes, par ce temps de décembre vous sortiriez, lecteur ; je ferai comme vous, si vous le permettez.

III

UNE VILLA D'HIVER A ARCACHON — TYPES

Les Anglais sont les premiers voyageurs du monde. Ils affectionnent singulièrement trois pays : l'Italie, la Suisse et la France. Naples est une ville essentiellement anglaise, aussi anglaise que Malte, et beaucoup plus anglaise que Londres ; quiconque se figure qu'à Naples il trouvera des Napolitains, s'abuse d'étrange sorte; il y a tout simplement quelques domestiques Irlandais, qui s'habillent en *lazzaronis*, parce qu'ils sont payés pour cela par leurs maîtres, amoureux de couleur locale. Aussi me suis-je toujours beaucoup étonné, qu'on fît tant de bruit de l'unité italienne, et du sort de Naples; les Italiens sont hors de cause; faire de Naples une capitale, équivaudrait à remplacer Madrid par Gibraltar.

L'été, et spécialement en septembre, les Anglais affluent en Suisse; ils préfèrent généralement la chaîne des Alpes à celle des Pyrénées. L'Espagne ne leur convient pas, non qu'ils ne sachent pas la comprendre; l'Anglais qui voyage comprend tout également; il fait ses malles, il part, arrive dans une ville, cherche le meilleur hôtel, n'en sort plus, et va ailleurs, — c'est ce qu'il appelle connaître le pays, — il juge des régions qu'il parcourt d'après le plus ou le moins de ressemblance du mobilier de sa chambre avec le confortable de Regent-street.

Un coup de sonnette auquel on ne répond pas assez vite, une tasse de thé trop chaud ou trop froid, décident le plus souvent de son goût et de ses préférences. Le Suisse rançonne l'Anglais, qui lui est indifférent; mais il songe à lui, le connaît, l'apprécie et le sert. L'Espagnol hait l'Anglais, et parce qu'il est protestant, et parce qu'il a sa griffe sur son territoire, et parce qu'il trouble la paresse castillane. C'est pourquoi on rencontre peu d'Anglais en Espagne.

Quant à la France, ils l'occupent toujours. Ce n'est pas, comme on l'a cru, au quatorzième siècle, que les fils des Normands ont conquis la France, c'est dans les années qui viennent de s'écouler. Malgré le chant national, l'Anglais règne en France; son empire est dès maintenant un fait accompli. A Paris, il forme à peu près un bon tiers de la population, j'entends la population qui se compte, celle des salons et du boulevard. Les côtes septentrionales ne se souviennent, de temps à autre, qu'elles sont gouvernées par un empereur, qu'en se voyant surmontées du drapeau tricolore. Aux bains de mer, aux eaux, on ne parle qu'anglais; quiconque se permet d'essayer notre langue maternelle l'écorche, ou est regardé de travers. Dès que l'hiver arrive, c'est au tour du Midi; et Cannes, Nice, Pau, Biarritz prennent l'importance des plus vastes colonies, Calcutta, Madras ou Ceylan.

On s'explique difficilement ce don d'ubiquité, qui porte un tort considérable à toutes les géographies et à toutes les statistiques. Car ne croyez pas que la réciproque soit vraie; et que, si l'Anglais absorbe les cités d'autrui, il se laisse de la même façon absorber les siennes. A l'exception de Londres, toutes les villes anglaises renferment des Anglais. Comment croire qu'un peuple aussi peu nombreux couvre ainsi la surface de la terre, quand on ne rencontre personne en Russie et que nous autres Français, plus grands par le nombre, nous, nation sédentaire, ennemie des voyages, nous ne pouvons fournir une dizaine de mille âmes à la plupart de nos chefs-lieux.

Le fait étant d'ailleurs constant, on ne s'étonnera pas d'apprendre que les personnages, installés avant moi à la villa, étaient des *gentlemen*. Ces villas sont de deux sortes ; il y a les maisons dites de famille et les maisons particulières. Les maisons de famille sont ainsi nommées parce que les familles logent généralement dans les autres, qu'elles louent en totalité ; les maisons, dites de famille, restent aux célibataires, qui s'en arrangent... Cette règle pourtant souffre exception. La villa, dont il s'agit ici, appartient à cette première classe.

La Grande-Bretagne y était représentée tout entière. La première fois que j'entrai dans la salle à manger, je vis se lever en même temps trois têtes, qui, immédiatement et simultanément, retombèrent sur leur assiette. Ces trois têtes appartenaient à un Anglais, à un Irlandais et à un Ecossais.

L'Anglais était un vieillard, si haut de taille, qu'avec ses cheveux blancs, il pouvait figurer assez exactement un de ces pics coniques, couverts de neige, qui ne sont pas rares aux Pyrénées. Sa figure paraissait avoir été taillée dans un mauvais bois jaune, par un mauvais ouvrier, qui aurait eu un mauvais couteau. Tel qu'il était, il réalisait le type du *révérend*, doux, suave, chaste comme Joseph, et père de neuf enfants. Il ne parlait que la main sur son cœur; ses saluts étaient profonds; son sourire avaricé dilatait deux dents extraordinaires; il ne s'exprimait qu'avec la lenteur exquise d'un homme qui sait à quoi l'honneur l'oblige. Un peu de timidité se mêlait à tous ses mouvements; au demeurant, il y avait là une si excellente nature, que jamais je ne l'entendis se plaindre du service, et que, lorsqu'il aventurait la proposition la plus banale, telle que celle-ci : *Il fait beau aujourd'hui*..., le brave docteur ne manquait jamais de la faire suivre de ces deux mots : *Je pense*, — laissant ainsi à chacun la liberté d'émettre un avis plus sensé, et ne forçant personne à l'en croire.

Grand aussi, blond comme le disque de la lune, quand le soleil couchant rougit les nuages qui l'entourent, jeune, silencieux, l'air étonné, parlant quelquefois le français des Anglais, grand amoureux des *beefsteacks*, et inquiet sur sa santé, tel est en quelques mots le portrait de l'homme de Dublin, qui certainement n'appartenait que de nom à la verte Erin, et présentait tous les signes caractéristiques de la plus pure race saxonne. Il est impossible de ne pas s'arrêter sur ce personnage, le plus curieux des trois. L'égoïsme le plus cruel se lisait sur ce visage violemment enluminé, dans le regard terne de ces yeux inexpressifs, dans son rire, parfois turbulent et plein de contentement de soi-même. C'est à table que monsieur John (ainsi nous l'appelions) était le plus intéressant pour l'observateur. Dès que Martine, la bonne qui nous servait, entr'ouvrait la porte de la salle, et qu'un plat apparaissait dans l'une de ses mains, la tête de monsieur John se soulevait, jusqu'à dépasser le dernier cheveu du haut Anglais, son voisin; il cherchait à voir quel pouvait être le mets... Si quelque énorme *roastbeef* lançait dans l'atmosphère les vapeurs de sa sauce, si quelque gigantesque gigot répandait aux alentours son odeur fortifiante, la figure de monsieur John s'épanouissait soudain... On eût dit qu'un poids immense tombait de sa poitrine; car nous devons constater que monsieur John n'avait pas pour l'ordinaire grande confiance dans le menu... Si, au contraire, il s'agissait de légumes, et qu'il distinguât ou devinât salsifis, choux, petits pois, haricots (*maison de famille :*) rien de plus joyeux pour le spectateur, que le rembrunissement instantané de ses traits. Jamais amoureux rejeté par un père, jamais ambitieux qui voit passer le quinze août sans décoration, n'ont fait mine aussi sinistre à l'humanité, qui n'en peut mais.

Dans ce cas, M. John demandait amèrement des pommes de terre, remplissait lugubrement son assiette de tout ce qu'il y avait sur la table et attendait avec une majesté mêlée d'ennui, à peu près comme un Pharaon égyptien qui commence à se persuader que depuis des milliers d'années il est réduit à l'état de momie. Nous ne tardions pas à nous apercevoir du silence de ses mâchoires, et nous lui disions :

« Qu'avez-vous, monsieur John, vous ne mangez pas?

— J'attends *le viande,* » répondait-il flegmatiquement.

Dans ce flegme, on comprend qu'un grave reproche était renfermé. M. John ne concevait pas qu'on pût manger les légumes, isolés de la viande. Il lui fallait au moins tout un beefteak pour avaler un salsifis ; ainsi le salsifis passait.

Pendant que je suis sur ce chapitre gastronomique, je tiens à détruire un préjugé enraciné parmi nous. Nous nous persuadons que les Anglais aiment les rôtis saignants ; c'est une erreur. Presque tous, et M. John ne faisait pas exception, ne dévorent que la chair arrivée au dernier degré de cuisson. M. John avait une autre passion, celle-là extrême : il adorait la crême. D'abord, quand cet entremets était apporté, il avait coutume de le regarder comme lui appartenant à l'exclusion de tout autre ; c'est pourquoi, parfaitement convaincu que personne ne songeait à discuter ses titres, il s'emparait du contenant et absorbait le contenu avant que notre étonnement eût cessé. Martine, ayant remarqué cette habitude, commença par nous son service, en sorte que M. John dut désormais se contenter de ce que nous laissions, part encore assez considérable, bien que tout à fait insuffisante pour cet estomac de cyclope.

Un soir qu'on nous avait donné un canard sauvage pour huit, il verdit, et je crus qu'il allait se trouver mal. Ce soir-là, nous le laissâmes engloutir notre crême de peur de pis; il en redemanda.

« De grâce, Monsieur John, lui dis-je..., Nous sommes-là plusieurs qui cherchons à résoudre un problème.... Combien de jattes de crême êtes-vous capable de digérer?

— Je peux manger cela toujours, répliqua-t-il; cela est très-léger. »

M. John s'était lié avec un de ses compatriotes qui, ayant une famille, n'habitait pas les maisons de famille, mais avait loué une villa. Nous ne pûmes jamais savoir le nom exact de ce compatriote. Le secret de la langue anglaise consiste, on ne l'ignore pas, à prononcer le moins possible. Quand l'anglais arrivera à ne plus prononcer du tout, il sera sans conteste le roi de la création. Quel était l'ami de M. John? Un sourd gémissement répondait à cette question.... *Mss Mlll*.... Ces consonnes expriment assez exactement tout ce que nous en connaissions.

Ce *Mss Mlll* était d'une certaine utilité à M. John. On en jugera par l'analyse succincte de la vie régulière de ce dernier.

Notre Irlandais se levait tard; à son lever, il prenait je ne sais quel lait étrange mélangé de thé et de biscuits; à onze heures, il déjeûnait copieusement, puis se rendait chez *Mss Mlll*... Là, sentant la faim, il déjeûnait plus copieusement encore à deux heures... il se rendait ensuite au Casino, où, se débarrassant soigneusement de son habit, pour ne point s'échauffer, il engageait plusieurs parties de billard. A cinq heures, il était de retour à la villa, et disait en entrant : *je n'ai pas beaucoup faim*. Au dîner cependant, il prenait trois fois de chaque plat, et dévorait les bénéfices de la compagnie. Le soir, il jouait au whist avec moi, et absorbait, avant de se coucher, une dernière tasse de lait, mélangé cette fois d'huile de foie de morue.

Car notre Irlandais était malade... j'oubliais de vous le dire, tant c'est chose étonnante à penser... il était malade, ou se croyait tel, ce qui est tout comme... de là beaucoup de bizarreries...

Pour peu qu'il fît mauvais, et qu'il voulût sortir (il ne pouvait faire autrement, à cause de *Mss Mlll*), il appelait Pierre, le domestique, et lui ordonnait de porter ses habits au Casino... quand il donna cet ordre pour la première fois, le régisseur bondit sur son fauteuil...

« Bon Dieu, s'écria-t-il, voulez-vous donc y aller tout nu? »

Jamais je ne vis colère plus démesurée que celle qui s'empara du *gentleman*, entendant émettre cet outrageant soupçon.

« Mossieu, dit-il, et il brillait de toutes

les couleurs de l'arc-en-ciel... Mossieu, vous croyez que j'ai un seul habit!...

Le régisseur fit ses excuses. Il s'agissait de transporter des vêtements de rechange, pour que M. John, mouillé, les endossât au Casino. Je suis sûr qu'il exécuta constamment cette manœuvre avec une moralité imposante.

M. John avait dans sa poche une sorte de boîte en bois, assez semblable à une montre, ou mieux à une boussole. Sur cette boîte étaient tracés les numéros 1, 2, 3, 4, jusqu'à 10; une aiguille tournait à volonté, et s'arrêtait sur l'un de ces numéros. Toutes les fois que M. John toussait, soit qu'il conversât, soit qu'il mangeât, il s'interrompait, prenait sa boîte et avançait l'aiguille d'un cran. Quand il avait toussé plus de dix fois, il ramenait l'aiguille au numéro 1, et déboutonnait un bouton de gilet. Deux tours accomplis, il déboutonnait un second bouton. Ainsi de suite. Si le destin l'eût voulu, il aurait passé aux boutons du pantalon, ce que parurent parfois redouter tout particulièrement deux charmantes personnes, mes voisines. Le soir, avant de se déshabiller, il inscrivait le nombre obtenu sur un grand registre.

M. John s'écartait rarement de ses habitudes. Je ne crois pas qu'il lui soit arrivé plus de deux fois de rentrer une minute plus tard qu'à l'ordinaire.

La première, il se fit attendre un quart d'heure pour le dîner. Nous étions tous désolés; nous le croyions égaré dans la forêt, massacré, noyé, victime d'un cataclysme. Nous allions nous décider à dîner, pour endormir notre douleur, quand il rentra. Il monta chez lui, changea, et apparut. Un seul cri salua son entrée...

« Qu'êtes-vous devenu, monsieur John? Nous vous avons attendu... qui a pu vous retenir?

— Mon plaisir.

Il s'assit, et dévora.

L'autre fois, il dîna dehors, et ne fut pas à la villa avant minuit. Nous entendîmes un grand bruit; mais vous comprenez que nous nous contentâmes de nous retourner sur l'autre oreille. Le lendemain, de grand matin, nous retrouvâmes M. John. Il était au piano; car un de ses travers consistait à apprendre une polka. Il y avait quelques dix ans qu'il l'étudiait, et il espérait la savoir dans six mois. Son air était calme et froid; rien ne nous faisait penser qu'il y eût eu cette nuit-là quelque chose d'extraordinaire.

Voici pourtant ce qui était arrivé :

Monsieur John aimait que ses chemises de nuit fussent chaudes. Chaque soir donc, il fallait qu'il trouvât son feu allumé, et la chemise de service en excellent état. La veille, il y avait eu oubli. Pour comble de malheur, les domestiques étaient couchés. Tout autre se fût consolé. M. John cassa son timbre. On sait ce que c'est que des domestiques, qu'on ne paye pas soi-même. Ils furent les seuls dans la maison qui ne se réveillèrent pas. Le timbre cassé, M. John, qui était en caleçon, descendit intrépidement, pénétra dans une chambre du sous-sol, où couchait un garçon, prit le garçon, le jeta en bas du lit, lui permit à peine de passer un pantalon, l'emmena chez lui, et lui ordonna de l'aider à faire ses malles. Une demi-heure après, M. John, en caleçon et le garçon, portant ses malles, sortaient de la villa de famille.

Ce que l'un et l'autre devinrent, est demeuré un mystère. Ce qu'on ne peut nier, c'est que le lendemain matin, tous deux étaient rentrés. Seulement M. John était entièrement vêtu, il paraissait, comme je l'ai dit, parfaitement calme et serein. On présume qu'ayant frappé à quelque hôtel, et n'y ayant pas trouvé sa chemise plus chaude, il se décida naturellement à revenir au châlet.

Pour achever cette esquisse, il suffit d'ajouter, que M. John obéissait ponctuellement à son médecin, et qu'il ne concevait pas d'autre Évangile. *Je ne dois pas*... était sa réponse à toutes les invitations, qu'on l'engageât à danser, à chanter ou à monter à cheval. Une indiscrète question lui ayant été posée sur le mariage... *Je ne dois pas*, dit-il.

De temps à autre, le vieil Anglais et lui se mettaient ensemble au piano, et sifflaient. Ils s'accordaient à peu près comme en Espagne un orgue et un chœur de prêtres. Les merles, comparés à eux, étaient des artistes du premier talent, et l'on eût presque préféré un public de province saluant les débuts d'un poëte inconnu. Pierre tomba en syncope à cette audition ; il laissa se briser une pile d'assiettes, et, depuis ce moment, il ne regarda plus le vieil anglais qu'avec un dédain marqué.

Pour l'Ecossais, il ressemblait à n'importe qui. Peut-être, si on avait pu l'étudier, aurait-on pu démêler dans son caractère diverses nuances intéressantes. Ainsi, tout au contraire de beaucoup de gens, depuis qu'il s'était aperçu d'une douleur à la poitrine, il s'était mis à fumer avec férocité. Malheureusement il ne baragouinait même pas le français ; il n'en prononçait pas une syllabe. Il passait les deux tiers de son existence à descendre et à monter son escalier ; car, lorsqu'il désirait un bouillon, il était obligé d'escorter le garçon à la cuisine, et de plonger ses doigts dans le pot au feu.

Un autre type, des plus étranges, circulait autour de la villa. Celui-là n'était pas dedans, mais dehors. Qui était-ce? On ne savait. Figurez-vous un vieillard mal mis. C'est le mieux qu'on en peut dire. Il errait. A quelque heure de nuit ou de jour que vous vous missiez à votre balcon, vers quelque endroit que vous dirigeassiez vos regards, vous l'aperceviez. Cet homme allait. *Aller* semblait être sa fonction naturelle. Il aurait effrayé, si l'habitude n'eût familiarisé avec son aspect. Nous l'appelions : *l'homme qui vague*. Cet être fantastique, Juif-Errant d'Arcachon, surgissait derrière les buissons, *revenait* sous les haies, jaillissait de creux humides, glissait dans la brume et sous le soleil. Il allait.

Un jour, que nous l'examinions de la fenêtre du salon.

« Vraiment, dit une jeune dame, cette éternelle promenade d'un inconnu me glace d'épouvante. Je suis tentée de demander mon compte et de m'enfuir.

— Il ne faut pas faire cela, madame, je pense, dit le vieil Anglais.

— Pourquoi?

— Il ne faut jamais demander sa note à l'hôtelier... je pense... c'est trop compliqué... A Biarritz, quand je voulus quitter la maison... où j'étais... je demandai aussi... ma note... Je n'avais jamais pris que du chocolat... le matin... On me comptait le déjeûner de tous les autres... et mon chocolat... *How do you say?*... en ex... en extra... j'observai... L'hôte me dit de retrancher... Mais, vous comprenez, madame... Tout cela était si compliqué... Je ne savais où prendre... où laisser... enfin je payai le tout... je pense...

— C'est plus tôt fini, en effet.

— Oui, n'est-ce pas, Madame?... je pense...

IV

UNE TRAVERSÉE — LE PHARE

Une des excursions les plus intéressantes qu'on puisse faire dans ce charmant pays, c'est la traversée d'Arcachon au phare. Pour cela, deux moyens : le bateau à vapeur et la barque de pêche; le premier plus sûr, le second plus amusant. Nous prîmes le second.

Nous, j'entends deux dames et moi. L'âge d'or a fourni peu de cieux aussi cléments que ceux qui nous environnaient. Pas un nuage au firmament; le soleil riait dans le bleu; c'est à peine si une légère brise faisait sourire les eaux du bassin; en sorte que la petite-maîtresse la plus nerveuse n'eût pu éprouver le moindre frisson, en s'engageant sur cette mer joyeuse. Impossible de croire que cette gaieté fût un suaire, que cette allégresse immense fût un gouffre.

Nous ne le crûmes pas, et cependant nous engageâmes trois rameurs. Nous pourrions vous dire que ce fut pour aller plus vite; mais nous ferons mieux d'avouer que nous venions d'être épouvantés par une lugubre histoire, entendue il y avait une heure à peine. Trois hommes, la veille au soir, avaient été surpris par le vent, dans une barque semblable à la nôtre; ils n'avaient pu aborder avant le matin, et je vous laisse à penser quelle nuit d'angoisses, de froid, de lutte et de désespoir. On contait même qu'un seul avait conservé sa raison; quant aux deux autres, ils avaient consacré leur temps de péril à se jeter successivement aux genoux de leur compagnon, pour le supplier d'envoyer une dépêche télégraphique à leurs femmes. Voyez où conduit le trop de confiance dans les inventions modernes.

Cette histoire n'était pas gaie, surtout la dernière partie, le ridicule étant beaucoup plus monstrueux que le terrible.

Aussi choisîmes-nous trois pêcheurs robustes, bien découplés, et convaincus d'une rare habileté dans l'art de la natation. Nous joignîmes à cette troupe deux passagers inconnus, mais de mine joyeuse. Enfin, nous embarquâmes le fils ou la fille d'un de nos pêcheurs, gentil marmot de trois ans, qui paraissait connaître son métier, et tirait au bateau avec un sérieux imperturbable. Joignant l'innocence à la force, nous devions être aussi tranquilles que possible; nous avions pris toutes les précautions.

Nul climat n'est à l'abri de la fraude; on trompe à Arcachon, comme à Paris : nos rameurs nous avaient affirmé que le voyage durerait une heure et demie : il dura trente-cinq minutes. Nous l'eussions voulu plus long. Notre bateau glissait sur cette onde bleue avec la rapidité d'un alcyon. On eût dit le courant d'un fleuve; on pensait malgré soi au *Lac* de Lamartine; les bateliers ne disant rien, les rames seules bondissaient en cadence, et les gouttes d'eau qui s'en échappaient rendaient ce son argentin que tous les poëtes ont célébré. Çà et là quelques voiles; des nuées de canards sauvages traversaient l'air en bon ordre; des oiseaux de mer, noirs, aux ailes blanches, se penchaient sur le flot, semblant écouter quelque chose que le géant leur disait tout bas. De temps à autre, l'un d'eux plongeait, comme s'il eût été appelé par une voix. Au lointain, un brick, déployant le drapeau national. Le cap Ferret grandissait, le clocher de la chapelle s'enfonçait peu à peu dans les arbres; l'une des deux dames, la plus hardie, chantait une barcarolle de Schubert : c'était charmant.

Pour moi, j'avais les pieds mouillés; car il faut vous dire que je suis de ceux qu'une fausse honte retient, dans mille circonstances de leur existence. Quelle peste que la fausse honte! Si j'avais le temps, j'écrirais là-dessus une thèse philosophique. Pour le moment, sachez que, n'ayant pas voulu monter sur le dos d'un matelot, j'avais gagné le bord à travers l'onde amère.

Le singulier petit pont, que le petit

pont qui mène au phare! Un kilomètre de long; et vous croyez qu'il traverse l'eau? Pas du tout, c'est un pont sur le sable. Les planches qui le composent sont tellement écartées, qu'il faut à toute force ou plonger chaque pied alternativement dans le vide, ou faire des enjambées de porteurs d'échasses.

Notre premier soin fut de visiter le phare. Avez-vous remarqué que les voyageurs ont l'habitude de parler de choses qu'ils ont vues, comme si vous les connaissiez? Alors, à quoi bon une relation? Ce n'est pas ma méthode. Je rencontrerais un fêtu de paille sur un pavé, que je soupçonnerais quelqu'un de n'avoir jamais vu de fêtu de paille, et je lui dirais comment c'est fait.

Il y a tant de gens qui voient tout, sans observer rien. Ce qui est sous nos yeux est souvent ce que nous connaissons le moins.

C'est pourquoi, apprenez qu'un phare est une tour très-élevée au-dessus de laquelle est une grosse lampe. Cette lampe a quatre mèches, et brûle, par nuit, onze kilogrammes d'huile. Sans les verres réflecteurs, vous comprenez aisément que cette lampe, si grosse qu'elle fût, n'éclairerait pas la mer à quarante kilomètres.

Il est donc très-curieux de se rendre compte de ce mode d'éclairage. Les phares ont pour mission d'illuminer les côtes, non pas pour y attirer les vaisseaux, mais pour les en éloigner... ce qui vous paraîtra singulier, madame... et vous n'ignorez pas cependant qu'il y a dans la vie plus d'un rivage qu'il vaut mieux fuir qu'aborder.

Ayant quité le phare, nous barbottâmes vingt-cinq minutes dans les dunes, et soudain l'Océan battit nos pieds. Depuis Arcachon, déjà nous l'entendions mugir; nous avions les oreilles pleines de ce rugissement sourd qui ressemble à un éternel sanglot; mais ce spectacle imposant ne se devine même pas par le bruit. Qui donc a trouvé cela monotone? C'est du monotone si l'on veut, mais c'est le monotone de l'infini... On demeurerait sa vie durant, sans ennui, sans désir, à contempler ce va-et-vient formidable ; cela aide à comprendre Dieu et l'éternité de l'éblouissement.

Il y avait un calme relatif. Les lames n'atteignaient guère que la hauteur d'un entresol ; elles se succédaient, s'environnant réciproquement d'un tourbillon d'écume, comme des écoliers en délire se jettent des flocons de neige au visage ; elles hurlaient sinistrement, puis, comme pour nous prouver qu'il n'y avait que jeu dans tout cela, elles venaient caresser le sable et baiser la trace de nos pas. Mais l'horizon chargé de brouillards, mais le gonflement horrible dessinant des montagnes dans le ciel, mais le cri plaintif des rares oiseaux, tout ramenait l'âme à des pensées mélancoliques et douloureuses, et, songeant aux vaisseaux, l'on répétait le vers d'Horace sur l'audacieuse famille de Japet.

Ce qui fait la variété de l'Océan, c'est précisément ce mélange de tristesse majestueuse et de grâce gigantesque. C'est la grâce de Shakspeare jetant Ophélia près d'Hamlet ; c'est la grâce d'Hugo, quand le grand chevalier Eviradnus vient réveiller madame Mahaud.

Et le triple airain recouvre toujours le cœur de l'homme, car on aurait alors une barque sous ses pieds, qu'épouvanté, hagard, éperdu, on se lancerait dans ce mystère, dans cet énigme, à la recherche du mot *inconnu*.

Un Anglais de nos amis nous avait indiqué près du phare *une petite restauration*. Il y a en effet deux maisons, deux cabanes, à une assez grande distance l'une de l'autre. Nous entrâmes dans la première, où nous trouvâmes le gardien du phare. Sur cette côte déserte, cet homme est seul, et partout. Il paraît que cette maison n'était pas celle de la bière; il nous indiqua l'autre, et se mit tout à coup à courir à travers la dune avec une impétuosité véritablement inquiétante. Quand nous arrivâmes à l'autre maison, par un autre chemin, celui qui nous ouvrit la porte, ce fut encore le gardien du phare. Il y avait quelque chose de fantastique dans cette apparition incessante du même homme, trèssilencieux de son naturel. Il nous servit à boire lugubrement, accepta notre argent d'un air farouche; et comme nous nous retirions, nous l'aperçûmes encore, arpentant la lande, sans doute dans la direction d'un quatrième domicile et d'une quatrième profession.

Le mer était moins calme quand nous revînmes.

— Ce qui me rassure, dit la dame hardie, c'est que trois hommes ont vogué ici tout une nuit d'orage sans périr; pourquoi nous arriverait-il pis? je ne vois aucune bonne raison pour cela. Seulement nous n'aurions peut-être pas l'esprit de songer à envoyer de nos nouvelles.

— Ne riez pas, dis-je à mon tour; un temps viendra peut-être où le fluide électrique des nuits de tempête ira de lui-même répéter les cris de l'homme au seuil de sa maison. Mais nous partons, madame, vous pouvez chanter la mélodie de Schubert.

V

LE MARCHAND DE VOLAILLES

Sterne a classé les voyageurs en diverses catégories. Il s'est appelé lui-même voyageur sentimental ; pour moi, je prends place parmi les voyageurs curieux. Du voyageur importun nous ne parlerons pas, et pour cause. Donc, après avoir visité les environs d'Arcachon, je n'eus rien de plus pressé que de m'enfoncer dans la forêt, à la recherche de quelque site sauvage et de quelques mœurs inconnues.

Les sites de la forêt sont tous sauvages. Les routes, tracées par la Compagnie du midi, ne s'étendent guère à plus d'une lieue en tous sens. Au-delà, vous retrouvez les montagnes de sable, se succédant les unes aux autres, avec une régularité et une monotonie accablantes.

Comme mœurs, de temps à autre vous apercevez quelques paysans râclant la résine, saignant les arbres; quelques petites filles ramassant le bois sec; tous se retournent pour vous contempler, comme si l'aspect d'un chapeau de soie noir était pour eux une révélation d'un monde ignoré. Mais il y a une providence pour les écrivains, et tout à coup je me heurtai contre un type.

C'était un vieillard, monté sur de longues échasses, couvert d'une peau de bête, les pieds nus, à demi vêtu, et s'appuyant sur un bâton gigantesque, couronné par un champignon de bois. Ce vieillard arpentait la lande avec une vélocité singulière. Il avait de longs cheveux blancs qui lui descendaient jusqu'aux pieds.

Comme je m'arrêtais pour le regarder, il s'arrêta aussi et me considéra longtemps, tout en souriant.

Ce sourire, mélangé de quelque pitié, commençant à m'effrayer, je feignis d'observer attentivement un écriteau suspendu au tronc d'un sapin. Cet écriteau, domicilié en France, devait nécessairement être là pour défendre de faire quelque chose. Ailleurs, il y a des écriteaux qui conseillent; en France, il n'y a guère que des écriteaux qui défendent.

Celui-là était par hasard bénévole; il recommandait seulement au passant de ne point incendier la forêt. Cet avis ne me rassura point sur la moralité des habitants, ni sur les intentions pacifiques de mon type. Aussi reculai-je de deux pas, et recommençai-je à regarder le porteur d'échasses.

Il s'était assis sur le champignon de son bâton et le même sourire narquois creusait une ride de plus sur ce visage sillonné par le temps.

-- Eh bien! quoi? cria-t-il, c'est le marchand de volailles!

Il me regardait toujours. Évidemment cet homme avait l'envie de commencer une conversation. Ce dessein cachait-il un piége? Je plaçai ma canne comme il avait placé son bâton; et lui en haut moi en bas, nous demeurâmes ainsi un bon moment.

Peut-être y serions-nous encore, car je n'étais pas peu embarrassé, si lui-même :

— Vous regardez l'écriteau, me dit-il. Ah! oui, voyez-vous, c'est que depuis quelques années tout a grandement changé par ici. On ne veut pas que nous fumions, non...

— Ah! fis-je sottement, n'étant pas encore complétement rassuré.

Il s'approcha; je me reculai. Il remit son bâton derrière lui; je plaçai ma canne dans une position identique.

Il écarquilla démesurément les yeux, et son sourire illumina sa grotesque et vieillotte figure.

— Vous n'êtes pas du pays?

— Non.

— On voit ça, oui. Vous êtes de loin?

— De Paris.

— Autour de Paris?

— De Paris même.

— C'est loin, çà, oui.

— Comme vous dites.

— Est-ce que dans ce pays-là il y a des sapins et du sable?

— Peu de sapins, peu de sable, et point d'échasses.

Il me parut songer un instant; peut-être se demandait-il comment on pouvait vivre sans échasses.

— Un pays *caïrotte*, grommela-t-il...

Je n'osai pas lui demander ce que voulait dire cet adjectif.

Il continua :

— Vous n'êtes pas le premier que je rencontre comme vous, non.

— Je ne saurais vous répondre de la même façon. Vous êtes le premier que je rencontre ainsi, oui.

— Peut-être que vous pourriez me dire quelque chose?

— C'est possible.

— Pourquoi la résine, qui valait 30 fr. il y a peu d'années, vaut-elle aujourd'hui 150 fr.?

— Vous ignorez donc la nouvelle découverte?

— Laquelle?

— Aujourd'hui, on fait des remèdes avec vos pins.

— Des remèdes... à quoi? Aux fièvres?

— Non, aux maladies de poitrine.

— A la poitrine, çà?

— A la poitrine, oui.

Il parut songer plus profondément. Mais il souriait toujours. Tout à coup, il arracha son bâton de la place qu'il occupait, et le brandit en se tenant debout.

Je regardai autour de moi; point de secours.

Son geste était inoffensif : il m'indiquait un pin.

— Autrefois, dit-il, on faisait une *piqûre*, et puis on s'en allait. Aujourd'hui, on en fait cinq. Quelquefois, on arrache le pin, et puis on l'emporte je ne sais où. Les landes ont été remplacées par des *pinadas:* bientôt, plus de *pinadas*, de la terre comme chez vous... Tout s'en va, oui. Le pin meurt.

— Mais l'homme vit.

Ses yeux devinrent petits et marquèrent la plus stricte expression du dédain.

— C'est vrai, continua-t-il, qu'on commence à se mieux nourrir. J'en ai connu qui grelottaient la fièvre toute l'année, et qui maintenant ne l'ont plus que quatre mois durant...On fait des maisons... Il y a toutes sortes de gens qui viennent par ici... comme vous... Des messieurs, des dames qui se font conduire... J'en vois qui n'avaient pas un liard *per mes* (par mois), et qui, à cette heure, gagnent quarante sous *per jour* (par jour). Ça n'est plus un vrai pays, ça, non.

—Est-ce que vos compatriotes se plaignent?

— *N'en counbin pas* (cela ne me convient pas).

— Pourquoi?

Il ne daigna pas me répondre; mais, bondissant soudain, il se mit à valser avec ses échasses, tout en fredonnant une chanson dont les paroles m'échappèrent. Je regrette mon défaut de mémoire; car l'air, que je ne puis noter ici, paraissait l'expression d'une sauvage et mélancolique poésie.

Ce spectacle était vraiment fantastique. A ce moment, la nuit tombait; le soleil se cachait derrière les arbres; et comme nous ne nous trouvions pas éloignés de l'Océan, l'astre s'y engloutit avec cette rapidité que connaissent tous ceux qui ont habité les plages.

Le vieillard dansait au milieu du sable, qui tourbillonnait.

Quand il s'assit de nouveau sur son champignon, c'était un reflet de lune qui éclairait son visage.

— Il paraît que vous n'êtes pas pressé, balbutiai-je ; pour moi, je ne saurais vous en dire autant, et, malgré tout le plaisir que me cause votre société...

— *Que hey ret* (il fait froid), répliqua-t-il ; je vais jusqu'à La Teste.

— Vendre vos volailles ?

— Non ; en chercher.

— Le commerce va-t-il ?

— Je gagne trop, oui.

Cette fois, je demeurai ébahi.

— Autrefois, dit-il, je vendais déjà des volailles comme aujourd'hui. Je ne trouvais personne pour m'en acheter. Point d'argent ; je ne les vendais pas cher. Maintenant, quand je rentre, plus rien, mais fort d'argent, oui. Sinon *fort prou. N'en coumbin pas.*

— Singulier marchand, pensai-je.

Puis, tout haut :

— Je vous souhaite le bonsoir.

Oun batz? (Où allez-vous?)

— Où je demeure ; villa Riquet.

— *De qu'in coustat?* (De quel côté)?

Je le lui indiquai.

— Un pays *caïrotte*, murmura-t-il. J'irai quelque jour vous vendre quelque chose...

Et, toujours souriant, il disparut dans la nuit.

J'ai su, depuis, que le mot *caïrotte* signifie *imbécile*.

VI

LE MOULLEAU

Ce qu'il y a de plus remarquable dans la situation du Moulleau, c'est que, de quelque côté qu'on dirige ses pas, on est sûr d'y arriver. Le *Moulleau* (d'autres écrivent *Moullo*) est une petite colline de sable, que surmonte un couvent de dominicains; ce couvent domine la mer, et se trouve placé vis-à-vis du phare; quelques habitations sont déjà groupées autour de la chapelle, d'autres se construisent. C'est ainsi que, peu à peu se formera un village qui deviendra l'Asnière d'Arcachon, quand Arcachon sera une capitale comme Paris.

Ce village, comme tant d'autres, devra sa naissance et son agrandissement à un établissement religieux. Nous ne sommes cependant plus au temps où cela paraissait tout simple, et l'on est en droit de se demander aujourd'hui, avec un certain étonnement, comment l'existence de quelques moines sur une dune peut enfanter un peuple, et, ce qui est pis, contribuer à la richesse de ce peuple. Rien pourtant de trop miraculeux dans ce fait, qui prouve seulement que notre siècle est plus religieux qu'il n'en a l'air, et que Dieu continue de protéger les siens.

Pour en revenir à mes moutons, je le répète, ce qu'il y a de plus remarquable dans la situation du Moulleau, c'est que, de quelque côté qu'on dirige ses pas, on est sûr d'y arriver. Je suppose que vous habitiez la villa Riquet, comme certainement vous le ferez un jour ou l'autre; vous sortez de chez vous, et tournez à droite;.... la route en forêt vous conduit directement au monastère, dont les deux ailes vous apparaissent au-dessus des pins, et vous font l'effet d'appartenir à l'une de ces maisons de bois coloriées qu'on donne pour jouets aux enfants sages... Mais si, au lieu de prendre à droite, vous avez pris à gauche, tout-à-fait à l'opposé,... vous traversez le parc Pereire, vous arrivez à la mer, vous suivez la plage, vous voilà au Moulleau;... si vous préférez ne prendre ni à droite ni à gauche, vous irez en avant ou en arrière... En avant, c'est encore le bassin, et vous tournez, par conséquent le Moulleau; en arrière, c'est de plus en plus le bassin, et vous tournez fatalement, donc le Moulleau... Dans les premiers jours, le promeneur pédestre trouve ce Moulleau véritablement fantastique; il s'explique ainsi comment il s'est rencontré des gens pour habiter là : c'est afin de pouvoir en sortir.

En effet, quand vous vous arrêtez au Moulleau, la puissance qui vous y entraînait perd sa terrible influence, grâce à la connaissance d'un secret que je m'en vais vous confier, afin que vous échappiez à l'esprit. Vous plaçant devant la chapelle (retenez bien ces indications, un seul mot oublié vous perdrait), vous plaçant devant la chapelle, de façon que la mer soit derrière vous, détournez-vous subitement à droite; et, qu'il y ait ou non des chemins, que vous soyez forcé de vous laisser glisser dans un abîme ou d'escalader un pin, ne quittez pas d'un point la ligne droite la plus géométrique : le plus petit pas de côté, le moindre dérangement, fût-ce pour éviter une branche ou réparer le désordre de votre cache-nez..., et le Moulleau redevient inévitable. En vain marchez-vous dans les directions les plus obliques, en vain vous précipitez-vous dans les sentiers les plus vierges, en vain vous mettez-vous un bandeau sur les yeux pour vous mieux égarer, « ... *funeste erreur*, *fatal délire*... » tôt ou tard, les deux ailes du Moulleau reparaîtront à vos yeux effarés.

Si cependant, suivant mon conseil, faisant une longue prière et rassemblant toutes vos connaissances mathématiques, vous réussissez à éviter le tyran, vous parviendrez, au grand désespoir de votre chaussure, car il n'y a plus là, ni Compagnie du Midi, ni routes entretenues, vous parviendrez près d'une sorte d'auberge qui, l'été, est, dit-on, entourée de figuiers, et où l'on vend à boire. L'hiver, les figuiers sont remplacés par trois ou quatre bâtons maigres. Pour tout désaltérant, vous aurez la vue d'une vieille femme fustigeant ou consolant une petite fille plus maigre que les bâtons! A quelques pas sont sept ou huit canons encloués et recouverts de sable.

Que font ces canons près de cette auberge? Des canons sans charge, près d'une auberge sans liquide... Qui les a laissés là? Pourquoi n'utilise-t-on pas ce fer. Nul ne le sait. La légende dit que ces canons sont républicains... Quatre-vingt-treize n'a pas mis fin aux légendes. Quoi qu'il en soit, ces canons sont monstrueux; ils ont un aspect tout à fait terrible et imposant. L'empreinte d'un pied nu, que Robinson remarqua dans son île, glaça le cœur du solitaire : c'est de la même épouvante que l'on tressaille en heurtant ces débris de la colère humaine. Le passage de l'homme dans le désert laisse toujours un vestige effrayant.

Plus loin... mais irez-vous jamais jusque-là? des maisons disséminées laissent échapper au travers des arbres les spirales d'une fumée épaisse... Qu'est-ce?... Évidemment des habitations de naturels... Vous pressez le pas; car, dans ces régions, le froid est inconnu, et vous ne seriez pas fâché de vous rafraîchir... C'est d'abord une cabane de pêcheur, dont la majeure partie est close... Les pêcheurs de ce pays possèdent tous une maison, mais se gardent bien d'y demeurer; ils élèvent tout auprès une hutte difforme, et c'est sous cette hutte qu'ils prennent leur repas, et probablement leur sommeil... Ils sont là, trois ou quatre, hâves, décharnés, hideux, portant de longues barbes noires, semblables à des bandits; et vous vous reculez instinctivement... Tout à coup un bruit de clochettes se fait entendre : c'est un âne qui s'avance lentement... Sur son dos, entre deux paniers, une jeune et jolie femme est assise *à croupetons*, comme dirait Brantôme... Elle s'inquiète peu du qu'en dira-t-on; elle se soucie moins encore du qu'en direz-vous? Elle passe, et chantonne quelque vieille chanson gasconne... Alors, rassuré, vous entamez un entretien avec l'un des brigands ci-dessus décrits, brave homme au demeurant, incapable de tuer autre être que poisson...; il vous apprend que vous êtes *au Pilat*, qu'il est propriétaire d'un bateau, mais qu'il n'a point à boire.

Que faire? Vous iriez bien jusqu'à la pointe du sud, un voyage, une vue superbe; mais quand dîneriez-vous? Vous iriez bien jusqu'à la grotte de Giselle, vous iriez d'autant mieux que personne ne sait où elle se trouve, mais quand dormiriez-vous? Vous iriez bien jusqu'à l'étang de Cazeaux, à travers sables mouvants et fondrières; mais quand reviendriez-vous?... Ayant réfléchi, vous acceptez l'offre du bateau, et vous dites au pêcheur de vous reconduire à Arcachon.

Seulement, comme vous avez du soin, et que vous êtes altéré, vous prenez dans votre poche une grande feuille de papier blanc; vous la ployez, de façon à composer un chapeau de gendarme ou un petit bateau d'enfant, puis vous vous dirigez, avec plus ou moins de solennité, vers un de ces petits pots que les résiniers suspendent au flanc des arbres blessés. Ces pots sont destinés à recevoir la résine; de temps à autre l'eau de pluie les emplit... Cette eau vous offre une boisson salutaire, mais parfaitement nauséabonde. Vous buvez et vous partez.

Le départ ne s'exécute pas toujours avec une grande facilité. Témoin un jour, où la mer montait fort. Les vagues en voulaient à un certain tronc d'arbre fort mal placé sur leur passage. Ce tronc d'arbre les avait mises en colère; elles rugissaient et écumaient, comme si je les eusse offensées personnellement. Le batelier était seul; le bateau était craintif; il fallait venir me prendre;... les vagues ne le permirent pas... Toutes les fois que le bateau s'approchait, une montagne d'eau se formait et entrait dedans, par pure honnêteté, sans doute, et pour saluer le pêcheur. Mais celui-ci ne rendait pas politesse pour politesse; il avait une peur immense de la submersion qui lui clouait bras et jambes, et je fus obligé de le rassurer. Je sautai, comme je pus, dans la barque, et nous nous mîmes en voyage, à la lettre, entre deux eaux.

— « Le bateau embarque, » cria le batelier.

— Que voulez-vous que j'y fasse? criai-je de mon côté...

Si j'avais été héros, j'aurais dit : *Cæsarem vehis*. Mais, n'étant rien, je me contentai de faire jouer la pompe, c'est-à-dire la pelle, tout en songeant que si je me noyais un peu, j'aurais là un très beau sujet de causerie.

Dieu ne le voulut pas; force vous est, lecteur, de vous contenter de ceci.

VII

VOYAGE AU SÉMAPHORE

Du Pilat à la Pointe du Sud, il y a quatre kilomètres, suivant les habitants du pays; mettez-en dix, et vous approcherez de la vérité. La Pointe du Sud est une langue de terre, ou pour mieux dire de sable, qui s'avance dans l'Océan, et forme, avec le cap Ferret, l'entrée du bassin d'Arcachon. Là, des bouées rouges et noires indiquent *les Passes,* détroit terrible que les vaisseaux ne franchissent qu'avec toutes sortes de précautions, et dont l'horreur disparaîtra le jour où sera exécuté ce sublime travail qui fera du bassin d'Arcachon l'un de nos principaux ports de guerre. On sait d'ailleurs combien le golfe de Gascogne est fécond en naufrages.

La Pointe du Sud est caractérisée par un poste de douaniers, qui, tout le long de la journée, s'amusent à battre du tambour. Je suis même convaincu que plusieurs d'entre eux se persuadent être payés par le Gouvernement dans l'unique but d'apprendre à la mer la façon d'exécuter un roulement. D'Arcachon à la Pointe du Sud, on rencontre en effet trois postes de douanes, sans parler d'un brick qui fait la police du bassin... Chacun de ces officiers publics visite un vaisseau tous les cinq ans, et, de mémoire d'homme, on n'a vu la figure d'un contrebandier. Les brisants et les courants contraires suffisent largement à détourner la fraude.

Quand un voyageur se dirige vers la Pointe du Sud, il nourrit l'intention de visiter le sémaphore, et le sémaphore se trouve à deux kilomètres plus loin. Il y a route de terre et route de mer. L'été, on peut choisir. L'hiver, il faut d'abord abandonner la mer; il faut de même abandonner le cheval... nous ne ne sommes pas ici dans la Sénégambie... aucun chemin propice aux voitures; reste le moyen de locomotion donné par la nature.

Je me mis en route à huit heures du matin, par une belle gelée et un beau soleil. J'avais ma canne pour toute arme. La mer étant basse, je suivis la plage, pour plus de commodité, les chemins de la forêt présentant une succession d'échelles doubles, qui augmentent la distance du quadruple au quintuple. J'avais le vent en poupe; le froid avait durci le sable; Phébus Apollo clignotait de l'œil derrière les pins, comme s'il ne se fût plus souvenu qu'il avait congé; au bout d'une heure, je me sentis tout aise et tout réchauffé.

Je vous recommande l'anse du Pilat; ce croissant est un abri délicieux. Là, trois hommes et une jeune fille s'étaient accroupis autour d'un foyer improvisé; je les regardais avec étonnement, me demandant comment on pouvait avoir froid; il me considéraient en riant, se demandant sans doute pourquoi je les regardais. Le reste de la famille ou de la tribu embarquait force fagots; les douaniers au loin battaient du tambour.

Au-delà du Pilat, on cotoie une dune énorme, nommée à juste titre *la grande dune*. Durant une lieue, on a à droite le flot, à gauche une montagne impossible à gravir. Voyant cela, la mer se mit à monter.

La mer se met toujours à monter quand vous n'y tenez pas; elle s'agite toujours quand vous êtes pressé. En revanche, si vous promettez à quelqu'un de lui montrer un beau spectacle, l'aspect des ondes en fureur, la mer se hâte de rentrer chez elle et s'y promène nonchalamment, semblant ne pas y songer, faisant l'innocente et la naïve, comme la courtisane du boulevard.

Quand j'arrivai à la Pointe du Sud, il

restait, entre la dune et l'eau, juste la place d'un de mes pieds. Je passai.

A cet endroit, la plage s'élargit et devient immense. Je respirai, et me crus arrivé. Mais la maison du sémaphore se montrait aussi éloignée que jamais, et je me pris à méditer avec stupeur.

Rien, en effet, ne me prouvait que je pusse déjeuner quelque part. Voici l'aspect des lieux :

Les eaux de l'Océan à l'horizon. Elles se précipitent splendides vers les passes... bouleversement majestueux... les torrents d'écume semblent une fumée blanche; leur mugissement ressemble à la voix sourde et profonde d'une artillerie. On dirait que là-bas toute une armée rangée en bataille fait cracher sur vous ses mille bouches à feu. Toute cette furie vient expirer à quelque distance, le long d'une bande de sable que l'eau contourne, sans qu'on sache pourquoi cette force a pitié de cette faiblesse; pourquoi ce géant qui couvre les deux tiers du monde épargne ce grain de poussière. N'importe; il se replie, l'enveloppe, et, s'il est terrible au-delà, devient en deçà si tendre et si candide, qu'on dirait un colosse qui embrasse un enfant. Le sémaphore est de l'autre côté de cette presqu'île, isolé, perdu sur une hauteur; en avant, une pauvre cabane, un morceau de toile jeté sur deux bâtons, et le dernier poste de douaniers, qui battent du tambour. A gauche, des forêts, des forêts, des forêts; devant moi, des bœufs et des vaches sauvages, penchés sur des herbes marines, ont relevé leurs muffles et me regardent en dessous.

M'avancerai-je? La douane bat toujours du tambour; la douane ne donne pas à déjeuner. Mais le sémaphore? Ma suprême ressource est là. Le sémaphore appartient au ministère de la marine; c'est une œuvre charitable, une fondation destinée au bien de tous, et si les naufragés y peuvent demander du secours, n'en doit-il pas aussi aux affamés? Puis qui sait? Peut-être, dans les arbres, existe-t-il quelque auberge cachée qu'on n'aperçoit pas.

D'auberges, nul vestige. Celui qui se

voudrait faire aubergiste là risquerait fort de ne voir que lui à sa table d'hôte, lui et moi, quelquefois. Seulement les bœufs s'obstinent... J'avais bien intention de tordre le cou à une volaille; mais à un bœuf, c'est plus difficile, surtout à ceux-là qui continuent à me regarder, se réfugient dans un trou, semblent délibérer, et me barrent le passage en me présentant leurs cornes.

Je ne suis pas plus poltron qu'un autre, et je crois l'avoir suffisamment prouvé; mais j'ignore, et vous ne me l'expliquerez pas, pourquoi la nature a créé, pour notre usage particulier, d'aussi gros animaux pourvus d'aussi grosses cornes. M'est avis que si, comme on le dit, tout avait été fait pour nous, tout serait fait beaucoup plus commodément. Les bœufs dont il s'agit paraissaient n'avoir pas la moindre notion de leur domesticité; et je crois qu'ils allaient faire appel à leurs droits méconnus, quand...

Je pris par le bois; je vous assure que les sapins sont charmants dans cet endroit : c'est fourré, c'est épineux, c'est à l'abri de toutes sortes de cornes... Ne croyez pas cependant que cette dernière considération ait influé en rien sur ma détermination... Comment y aurait-elle influé? Je ne quittais un péril que pour me jeter dans un autre : ces endroits sont fournis de marcassins très-méchants. Je dois à la vérité d'avouer que je n'en savais rien.

J'arrivai au sémaphore par le chemin du Télégraphe. Il y avait surtout un diable de taureau noir qui m'avait presque ôté la faim. L'appétit me revint, quand je vis trois ou quatre chèvres qui paissaient doucement autour de la maison. La corne de la chèvre ne m'a jamais inspiré la même répulsion que la corne du taureau. Cependant un chien sortit, et, furibond, s'élança à ma rencontre.

— Diable! pensai-je, les pays peu civilisés seraient-ils sérieusement plus dangereux que les autres? et le sergent de ville ne serait-il pas le gardien idéal de la propriété d'autrui?

Au loin, les douaniers battaient du tambour.

— Holà ! quelqu'un, criai-je, rappelez votre chien, ou vous me forcerez... à m'en aller.

Un homme parut.

La mer, les bœufs, le chien, tout cela avait été effrayant : tout cela était doux, comparé à l'homme. Un homme sinistre, grande barbe, cheveux en désordre ; vêtements hideux, faits de je ne sais quel poil fantastique ; la tête couverte jusqu'au nez d'un bonnet de marin, astrakan de fantaisie, pareil à une casserole rarement étamée, ou à l'armet de Mambrin. Je frémis. Ce frémissement dura peu. Il ne faudrait pas être le moins du monde observateur pour n'avoir pas remarqué que les brigands ont généralement le teint frais, la chevelure bouclée, un air paterne et des lunettes d'or ; leurs habits sont irréprochables ; ils se coiffent chez Renard, et leur avoué habite la chaussée d'Antin. Je laisse aux ignorants et aux dramaturges (l'un vaut l'autre) la croyance au traître mal mis : aucun être ne doit inspirer plus de confiance que celui qui ne cherche pas à en inspirer.

Et croyez que les gens à grande barbe sont toujours de fort honnêtes gens : témoins les sapeurs.

— Ici, Lolotte! dit l'homme sinistre.

Le chien était une chienne.

— Je voudrais, dis-je, parler au chef de station.

— C'est presque moi, murmura l'homme sinistre.

Et il sourit... presque.

Je le regardai.

— Il y a Mathieu, dit-il; mais quand il n'y est pas, c'est moi.

Si cet homme eût été caporal, il se fut indubitablement cru général en chef, quand tous les officiers auraient été absents.

Je demandai Mathieu.

Mathieu y était. L'homme qui me parut faire tout par à peu près me fit presque entrer dans ce qu'il appelait le bureau.

Ce qui s'y passa exige une causerie particulière.

VIII

LES HABITANTS

Un soir qu'il faisait sombre, et que le ciel, chargé de nuages, menaçait de la pluie sans daigner la faire tomber, une Anglaise vint frapper à la porte du sémaphore. Cette Anglaise, sur laquelle le temps avait tracé ses premiers sillons, habitait Arcachon. Comment s'était-elle aventurée aussi loin, seule, sans guide, à pied, avec une ombrelle rose et un chapeau lilas ? Il y a là un mystère que nul n'a pu pénétrer... Elle était venue par la forêt ; elle avait, par conséquent, gravi et descendu ces centaines d'échelles doubles que j'ai précédemment indiquées... Sans doute troublée, inquiétée, hallucinée, se croyant à jamais le centre de la ronde insensée d'une multitude de montagnes sablonneuses, surmontées d'un fil télégraphique attaché à des poteaux grimaçants, la pauvre femme avait perdu l'esprit, et s'était précipitée au hasard. L'état dans lequel elle apparut aux marins étonnés corrobore cette supposition. Hagarde, les cheveux en désordre, la coiffe effarée, l'œil tourbillonant, elle commença par pousser un cri de terreur à la vue de l'homme sinistre qui lui ouvrit; puis, tombant soudain à ses genoux, elle le supplia avec larmes de ne lui point ôter la vie; affirmant qu'elle était utile à ses neveux, et spécialement à celui qui, étant officier de marine, ne recevait de l'État qu'une somme insuffisante.

L'homme eût pu répondre que, d'ordinaire, les neveux gagnent plutôt qu'ils ne perdent à la mort de leurs tantes; mais comme il ne se faisait aucune idée nette ni de l'officier de marine, ni de la dame qui lui parlait, il demeura simplement ébahi.

Ce ne fut pas aisément qu'on parvint à attirer la dame dans cette première salle où j'entrai, et qu'elle croyait l'antre de hardis voleurs et d'écumeurs de mer. La salle se trouve disposée d'étrange façon. Toute une moitié forme un demi-cercle percé de cinq gigantesques fenêtres; chacune de ces fenêtres donne sur l'Océan; un mot tracé en grosses lettres indique le point qu'elles servent à observer : Nord, Nord-Ouest, Ouest, Sud-Ouest, Sud. Au milieu s'élève l'appareil destiné aux signaux, appareil menaçant, machine exorbitante, terrible, informe, une masse imposante ayant l'air d'un maléfice. Figurez-vous une colonne de fer tournant sur elle-même, et entraînant avec elle son énorme piédestal, semblable à un immense polype dont les pattes seraient des roues. A la lumière du jour, cela est immobile, et la grille qui l'entoure vous invite à ne pas approcher; mais le soir, cela doit prendre des apparences fantastiques, cela grince confusément, et l'ombre projette aux alentours des formes inconsistantes.

L'Anglaise crut cette machine placée là pour pendre et broyer les gens : elle tomba évanouie !

Par bonheur (et cela prouve que les gouvernements ont parfois d'excellentes idées), les employés du sémaphore ont acquis le droit d'envoyer, au moyen du fil télégraphique, les dépêches des particuliers. Jusqu'à cet événement, on avait cru la mesure inutile. Comment se persuader qu'il viendrait jamais à l'esprit d'un citoyen d'adresser une dépêche dans un endroit où il n'y a personne? Comment croire que de cet endroit où il n'y a personne, un avis pût être transmis aux endroits où il y a quelqu'un? L'homme sinistre lui-même avait dû rire en se voyant transformé en employé du télégraphe... A moins que les bœufs ou les sapins n'eussent quelque chose à faire dire, il y avait peu de probabilités réunies pour que le fil fonctionna. Il fallut qu'une vieille Anglaise se perdît et se trouvât mal à propos pour donner un but à ce décret, qui n'en avait pas. — Cette anecdote vous apprendra, lecteur, à respecter les ordonnances, et à ne point railler ce que vous ne comprenez pas.

Une dépêche fut envoyée. Où? Au

hasard. Elle vint à Arcachon ; elle amena une voiture. L'Anglaise demi-morte, fut reconduite dans sa villa, et sans doute, à l'heure où j'écris ces lignes, elle raconte à ses neveux indignés comment elle a failli être victime d'un guet-apens monstrueux ; comment son courage et sa présence d'esprit l'ont arrachée à une mort certaine ; comment... et lesdits neveux peut-être se plaignent du télégraphe et du progrès des lumières.

Vous voyez par là que je ne vous ai pas trompé, en vous dépeignant sous de terribles couleurs le marin qui m'introduisit dans la grande salle du sémaphore. Comme le soleil brillait toujours, je n'allai pas jusqu'à l'évanouissement ; d'ailleurs, deux femmes, quatre ou cinq petits enfants, un feu pétillant dans l'âtre, ne tardèrent pas à me rassurer tout à fait. Puis vint Mathieu.

Mathieu était un jeune homme, joli garçon, intelligent, possédant à merveille les franches et cordiales façons du matelot français, et ne faisant rien par à peu près, comme son lugubre compagnon. Aussi me demanda-t-il immédiatement si j'avais déjeuné.

Cette question me plut. J'avais à faire à un homme qui savait vivre. Une table fut bientôt garnie — ô Parisiens, frémissez! — de petits pois conservés, de pommes de terre frites et de gelée d'arbouses. Un repas de moine ou de religieuse... Connaissez-vous la gelée d'arbouses? Oui, si vous connaissez les confitures de coings. Je mangeai, et nous causâmes.

J'étudiai le plan des localités, un plan tracé en 1829, et qu'on n'a pas remplacé. Depuis ce temps-là, un nouvel îlot s'est formé; la mer passe où elle ne passait pas; elle a abandonné les bords qu'elle baignait... Il n'importe... Qu'on s'y reconnaisse ou non, là n'est pas la question. L'administration est obligée de fournir un plan, elle n'est pas obligée de le fournir exact.

— Etes-vous très occupé? dis-je à Mathieu tout en prenant mon café?

— Hélas! monsieur, me répondit-il, il n'y a pas de sémaphore aussi délaissé que le nôtre. Depuis deux ans que j'occupe ce poste, je n'ai pas eu un signal à faire... je ne sais dans quel état se trouve ma machine... On s'ennuie; cependant il faut être là, et observer toujours... J'ai acheté une lunette, parce que celle qu'on me fournit ne vaut rien... Il y a six mois, j'aperçus... c'est-à-dire ma femme aperçut un bâtiment, le premier... c'était un chasse-marée... là, au nord-ouest... La mer était grosse... la nuit tombait... il allait se perdre, s'échouer... J'eus un moment d'espoir... Dieu ne le voulut pas... ce vaisseau n'eut pas la moindre idée qu'il pouvait y avoir ici un sémaphore... Il se laissa aller au courant, sans faire aucun signal... Il fut conduit de l'autre côté de la pointe; là il jeta ses trois ancres et attendit la fin de la tempête... Une autre fois, une chaloupe sombra sous mes fenêtres... trois hommes dedans... Aucun ne fut retrouvé... voilà tout... C'est désespérant... et puis, voyez-vous, on s'ennuie... mais il faut toujours être là pour observer.

— Au point de vue de l'humanité,

risquai-je, ces circonstances ne sont pas désastreuses... Vous-même devriez être content; je connais quantité d'employés qui désirent n'avoir rien à faire.

— Vous avez raison, monsieur, mais la solitude...

— Vous êtes deux, vous avez un jour bon sur un mauvais; car vous vous remplacez?

— Oui, monsieur; on me paie même assez cher quand je voyage; si je vais à la Teste, un village près d'ici, je touche quelque argent... L'été, nous avons quelquefois des visiteurs... et, bien qu'il nous soit défendu de faire rien payer, comme il n'y a pas d'auberge aux alentours, nous donnons à diner... nous ne demandons rien, mais on nous donne beaucoup...

— Diable! pensai-je...

— Mais c'est égal, voyez-vous, jamais le moindre sinistre, ce n'est pas gai... Et puis, quels sont nos voisins? A deux kilomètres, les douaniers, qui n'ont rien à faire non plus, mais qui sont forcés de ne pas bouger; à deux kilomètres de l'autre côté, un garde, qui ne garde rien, mais qui ne peut pas quitter. Nous ne voyons guère que notre pourvoyeuse, bonne femme de la Teste, qui vient ici une fois par semaine et m'apporte des provisions pour huit jours... et les journaux... Je suis abonné à la *Presse*, monsieur, et je reçois sept numéros à la fois.

— Grand Dieu! dis-je; voici qui est épouvantable. J'espère bien que vous ne lisez pas ces sept numéros sans respirer?

— Oh! non, monsieur!

— Prenez-y garde! ce sont là des doses auxquelles aucun cerveau ne résisterait. Décidément, je compatis à votre peine. Ce dernier coup achève le tableau. Mais, dites-moi, qu'y a-t-il de curieux à voir ici?

Hélas! rien, monsieur.

— Comment, rien!... c'est déjà quelque chose que ce splendide spectacle de l'Océan en courroux et des forêts montueuses... Regardez de cette fenêtre, il semble que tous ces géants verts veulent gravir les uns sur les autres pour considérer ce que nous faisons.

— Ma foi ! Monsieur, ils ne verront pas le plus petit sinistre.

— Mathieu ! cria une voix féminine... un bateau !!!

Mathieu se précipita à la lunette...

L'homme sinistre et silencieux se leva, secoua flegmatiquement la tête, essaya de se diriger vers la fenêtre, puis revint s'asseoir, en murmurant :

« C'est à peu près comme si c'en *était un.* »

IX

LE RETOUR — UNE NUIT DANS LA FORÊT

Mon homme sinistre avait raison ; ce n'était qu'un *à peu près* de bateau ; ce semblant louvoyait à l'horizon, et bientôt il disparut sans avoir fait aucun signal. Mathieu jeta la lunette.

Je la ramassai soigneusement, et me mis à examiner l'espace à mon tour; pendant ce temps, Mme Mathieu me préparait une collection de coquillages.

Cette double tâche achevée, je couvris, de je ne sais plus quelle pièce la large main de mon hôte.... Il paraît que j'avais donné assez, car l'homme sinistre me sourit, et *Lolotte* vint me conduire jusqu'à la porte du jardin.

« Il est certain, me disais-je, qu'une auberge, quelque chère qu'elle soit... »

Je fus interrompu par la vue subite de la haute mer, et mes idées changèrent de direction. Un de mes défauts consiste dans l'impossibilité où je suis de songer aux questions matérielles, dès que je me trouve en présence de la nature. Ces soucis-là ne me semblent parfaitement à leur place que dans un fauteuil de maroquin, devant des cartons verts et un petit guichet de bois. Otez-moi les cartons verts, et immédiatement je cesse de savoir si quelqu'un me doit quelque chose ou si je dois quelque chose à quelqu'un. Je ne comprends plus pourquoi l'on s'est amusé à fabriquer tant de petits ronds hideux en cuivre, or ou argent, quand il y avait tant de feuilles vertes et tant de gouttes d'eau scintillantes.

Ce vice déplaît fort à beaucoup de gens; pour moi, je suis enchanté de l'avoir, et je le préfère tel qu'il est à toutes les qualités qui lui sont opposées.

Il fallut pourtant méditer sur le retour. Le vent fraîchissait. Dans une touffe de genêts, je rencontrai un pêcheur qui m'apprit que le flot battait les dunes et qu'il me fallait prendre par le bois. Il m'indiqua un petit sentier, tracé par les douaniers, pour correspondre entre eux, sans doute, quand ils ont besoin de faire raccommoder leur tambour. Ce chemin était charmant, et je m'y engageai avec délices; seulement je doublais la longueur de ma route. Bientôt, comme je m'y attendais, le sentier cessa, et je fus lancé au hasard. Ce sentier ne menait absolument à rien; il s'arrêta subitement, sans raison, d'une façon souverainement ridicule. Le soleil alla se coucher.

J'aurais voulu en faire autant; mais je

ne tardai pas à m'apercevoir que pour ne pas s'égarer dans ce labyrinthe de pins, exactement semblables, non-seulement une habileté prodigieuse était nécessaire; encore devait-on pouvoir établir une distinction suffisante entre le pied droit et le pied gauche... Cette distinction m'était interdite, même d'une manière confuse. La nuit des forêts est une nuit plus noire que la nuit des champs; mais la nuit des sapins est une nuit plus noire que la nuit des forêts. Quelque chose de lugubre... Le bois sec craque sous les pas; à tout instant on se heurte contre un tronc d'arbre inaperçu; la marche se retarde par le soin qu'on apporte à éviter une chute; de temps à autre seulement, une éclaircie singulière laisse pénétrer un rayon fantastique... non pas un rayon de lumière, mais un jet de l'ombre du ciel, ombre grise, qui paraît une lueur dans cette épaisseur sombre. C'est assez pour donner une forme effrayante à toutes ces racines, à toutes ces branches, à tous ces fragments épars, qui, pendant le jour même, aiment à revêtir des apparences d'animaux tels qu'en rêvent Gustave Doré ou notre ami Bresdin. Avez-vous remarqué comme la nature se plaît aux mêmes images? Qui n'a pas vu dans les montagnes le mouvement des eaux, et dans les nuages le mouvement des montagnes? Qui n'a pas confondu les mille caprices des branchages avec les replis d'un serpent ou les sinuosités d'un crabe énorme? Le soir cela grouille, cela rampe, cela s'avance; il est difficile de distinguer dans ce fourmillement immense l'immobilité de la mort; plus on regarde, plus on hésite, plus la vie... une vie surnaturelle... s'empare de toutes les choses qui vous entourent; on dirait que le dieu Pan se réveille, et que la création rebelle, bravant les ordres du Très-Haut, cherche sourdement et dans ses propres flancs les germes d'une nouvelle et problématique existence.

De là naît la peur, ce sentiment inquiet, ce trouble instinctif, dont les impressions multipliées ont été énumérées par un écrivain suisse; cette oppression poignante dont la cause n'est pas l'appréhension des fantômes ni des voleurs, mais un je ne sais quoi qui saisit comme s'il se passait réellement quelque acte mystérieux dans les profondeurs nocturnes, et que l'homme dût être puni d'assister au laborieux enfantement des ténèbres.

A ce propos, je fis une réflexion. Je ne sentais nullement cette fatale compression du cœur, et mes souvenirs pourtant me rappelaient une pareille nuit, passée dans une forêt de l'Indre, dans des transes et des terreurs que je n'oublierai jamais. Certes, la situation était identique ; même obscurité, même égarement ; en outre, le désert qui m'entourait avait en lui-même quelque chose de plus effrayant que les campagnes habitées des provinces centrales... Pourquoi n'éprouvais-je aucune frayeur? Je me remémorais, non sans plaisir et sans regrets, les nuances passagères de cette horreur, que j'avais goûtée dans toute sa poésie, et que j'analysais froidement, en cherchant vainement à la ressentir encore. J'avais quinze ans alors.

Ce charme, et c'en est un, échappe,

comme tous les autres, aux hommes de notre siècle. Sans le savoir, sans le vouloir, nous laissons, en grandissant, choir l'une après l'autre chacune de nos émotions ; elles nous quittent, et nous nous félicitons de leur absence jusqu'au jour où, nous détournant pour les revoir, nous comprenons que les plus tristes valaient mieux que nos fausses joies et notre froide philosophie. Ce que nous avions au cœur s'échappe, et monte en fumée au cerveau ; en somme, l'âme reste vide ou devient un ballon gonflé de science, qui, ne pouvant s'élever dans l'amour, ne sait même plus palpiter sous la crainte.

Pauvres poëtes, vous êtes obligés de courir après les sentiments, qui vous fuient, murmurais-je en me dirigeant vers la plage, guidé par le grondement de la mer. Quelle que fût la part du sol absorbée par cette dernière, la prudence m'indiquait cette route, la seule qui pût m'éviter d'errer sous bois jusqu'au lendemain. Les aboiements furieux de deux chiens me forcèrent à m'arrêter ; puis j'entendis les cris d'une femme, et je vis une vraie lumière briller à cent pas. Il y avait de quoi frémir, et je ne frémis pas. Ma raison (peste soit de la mégère, car d'elle vient tout le mal), ma raison me dit qu'il y avait là une cabane, que cette cabane, ayant un propriétaire, avait deux chiens par la même occasion, et que ces deux chiens étaient sortis pour mordre quelqu'un. Donc, au lieu de me retirer, je pressai le pas pour joindre ce compagnon inconnu.

Ma raison eut raison. Ce n'était rien moins qu'une femme attaquée par des caniches, et pour sa part, mourant de peur. Les femmes sont de grands enfants, et nous sont supérieures en ceci, que, n'ayant point de raison, elles ont conservé ce que nous avons perdu... La flamme brûle, faute d'éteignoir... Les femmes savent avoir peur, non de quelque chose comme nous, mais de rien. Celle-là se jeta dans mes bras.

Je gage qu'ici, cher lecteur, vous vous attendez à une aventure. Combien il me serait facile de vous la conter, longue et alléchante... Quoi de plus simple que de reconduire une jeune fille à son village, sous l'œil émerveillé des étoiles... et quand il fait sombre, que les arbres sont épais, que dans tous les bruissements épars on croit distinguer des voix, quel plaisir de sentir sous son bras trembler un bras mignon, de rapprocher de sa poitrine un corps frissonnant d'épouvante, et de guider sur la mousse de petits pieds suppliants et vaincus; souvent son regard implore... on le devine, on s'enhardit... Bientôt, à un détour, la voilà qui recule, et vous entourez sa ceinture pour la mieux protéger... Ici, à droite, se dressent des tombes blanches; une, entre autres, en forme de croix, ressemble à un spectre accoudé... Comment traverser ce lugubre enclos? Déjà sa tête se trouble; elle vacille éperdue; les rondes de spectres l'enlacent... Quel plus sûr abri que le sein d'un défenseur?... Son visage est caché, son front seul s'épanouit dans ses cheveux noirs, plus blanc que le marbre des pierres tumulaires... Il est là... si près, si près de vos lèvres...

Oh ! qu'un baiser est doux, quand il est surpris et qu'il est le premier !

Il eût certainement mieux valu pour vous et pour moi que la femme dont il s'agit n'eût pas cinquante ans, qu'elle fût jeune et jolie... Mais qu'y faire? Je regagnai la villa sans incident nouveau.

X

LA MAISON DU PENDU

Or, voici ce qui arriva, il y a quelques années, dans la ville d'Arcachon...

Au-dessous de Montretout est une petite maison à volets verts, à balcons roses, assez semblable à ces chalets qu'on dresse régulièrement sur la scène quand l'opéra-comique n'a pas plus d'un acte ou deux. En regardant ce logis, il vous semble que vous allez voir passer par la fenêtre la tête de madame Ugalde, et que Sainte-Foy en manches de chemise, va venir lui donner la réplique. En ce temps-là, ce lieu était habité par une honnête famille, qui le possédait aussi légalement que possible.

Cette famille était composée d'un homme, d'une femme et d'un enfant.

L'enfant était une petite fille de quatre ans ou environ.

La femme, toute jeune, était coquette et jolie.

L'homme avait plus de cinquante ans. Sa vie avait été heureuse. Pour ne vous rien cacher, sachez que la modeste aisance dont il jouissait lui venait du ciel et de la mer. Du ciel, qui avait daigné bénir ses filets; de la mer, qui n'avait pas englouti sa barque. Cet homme avait pêché pendant quarante ans. Le métier de pêcheur n'est pas précisément aussi lugubre que l'imaginent les poëtes; les gens qui l'exercent ne sont pas aussi misérables qu'on pourrait le croire. Vous savez comme l'exagération se mêle à tout ce qu'on dit. Rien ne coûte aux Eugène Sue, aux Victor Hugo et aux Alphonse Karr pour émouvoir les masses, même aux dépens de la vérité. Moi, je connais plus d'un de ces pêcheurs qui n'ignore pas le son que rendent plusieurs louis d'or heurtés les uns contre les autres; et je remarque que leurs filles, d'ordinaire assez bien vêtues, suivent, quand vient le dimanche, les vraies modes de Paris, portent filets de soie, casquettes de velours et se confondent, Dieu me pardonne, avec les plus jolies habitantes des villas les plus considérables.

Je crois trop au bien pour ne me pas figurer que toute cette toilette est payée par leur père. La situation de mon homme vient d'ailleurs à l'appui de ma foi. Il est vrai que celui-là avait réussi comme peu réussissent; non-seulement il avait gagné beaucoup d'argent et n'avait fait aucune perte; non-seulement il n'avait jamais connu les jours de détresse où le filet n'absorbe que vieux paniers, algues et coquillages, mais encore il avait fini, vieux et laid, par épouser une femme jeune et gentille, non pauvre, mais riche assez, et il en avait eu le plus charmant bébé qu'on connût jusqu'à La Teste.

Les mauvaises langues prétendaient comprendre parfaitement la paternité. A moins d'un miracle, on ne pouvait s'expliquer le mariage... Mais bah! il y a tant de mariages qui n'ont pas d'explication. M. le Maire a-t-il besoin de cela pour agir?

Notre homme, que j'appelerai François pour ne pas dire son vrai nom, ne niait pas sa chance. Il en convenait, il en était fier, l'attribuant à sa vertu. S'il avait les bénédictions du ciel, selon lui c'est qu'il les méritait; il était de ceux-là qui croient que le bonheur est une récompense, et que les gens qui n'ont rien sont responsables de leur pauvreté.

Brave cœur au demeurant, incapable de tuer une mouche s'il avait su la faire souffrir... et c'était précisément à cette incapacité qu'il croyait devoir la protection divine.

Il racontait, à qui voulait l'entendre, qu'une nuit qu'il faisait du vent et que la mer se fâchait, comme il revenait portant son panier plein de poissons, un de ceux-ci s'échappant était tombé agonisant sur le sable. S'étant baissé pour le ramasser, il s'aperçut que les yeux de ce poisson brillaient comme deux escarboucles; ils jetaient une clarté phosphorescente sur l'eau du bassin, qu'ils éclairaient jusqu'à l'île des Oiseaux. La terreur du pauvre pêcheur avait été telle à cet aspect qu'il s'était évanoui... Dans son évanouissement, il avait eu un songe, ce qui laisse à présumer que l'histoire entière pouvait bien en être un; car un homme fatigué qui se couche et s'endort ne sait pas trop où finit la veille, où commence le rêve. Dans ce songe, il avait entendu le poisson lui parler, et lui reprocher, en termes amers, la cruauté du genre humain à l'égard de ses pareils. Passe encore de les tuer, leur mort est écrite dans le livre du destin; mais pourquoi faire précéder cette mort de souffrances atroces et convulsives? Selon ce poisson, assez disert, le Créateur exigeait qu'on tuât l'animal dès qu'on l'avait en son pouvoir, et défendait expressément toute torture et toute hésitation. Ce n'est qu'à ce prix qu'il accordait sa protection au pêcheur.

Quand François s'était éveillé, la nuit régnait encore, mais ni le poisson ni sa lueur n'étaient là. Bien plus, les collègues du prédicateur avaient tous disparu, y compris le panier qui les contenait. Vaines recherches... François se sentit puni, fit un signe de croix, et s'en alla. Les mauvaises langues disent encore à ce sujet qu'un certain Thomas, passant sur le rivage pendant le rêve de François... Mais à quoi bon écouter les mauvaises langues?... On n'aurait jamais fini; puis à vivre avec les sottes gens, bien fin qui ne devient pas sot.

Il resta évident pour François que les poissons s'en étaient retournés à la mer. Quant au panier.. c'était le secret de Dieu. François fit vœu de ne plus jamais toucher aucune créature vivante autrement que pour la faire mourir, et, dès lors, au risque de vendre sa marchandise gâtée, il ne manqua jamais de couper la tête à ses poissons, à mesure qu'il les retirait de l'eau. C'était le moyen le plus expéditif que son imagination lui avait inspiré. Comme on l'a vu ce système lui réussit.

Depuis quelque temps, François, ayant des rentes, avait renoncé à son état de pêcheur; seulement, et pour son plaisir, il s'était fait chasseur. *Chasseur sentimental* s'entend... S'il tendait des piéges au renard, s'il poursuivait des marcassins, s'il tirait des oiseaux, jamais il ne pensait à autre chose qu'à les épargner. Toute sa préoccupation consistait à les tuer de façon qu'ils ne s'en aperçussent que suffisamment, et il s'efforçait d'adoucir autant que possible, fût-ce par des avis salutaires, les derniers moments qu'il leur préparait.

François entreprenait de longues chasses. Un soir (il était depuis deux jours absent, c'était l'automne, il y avait encore des feuilles aux chênes), s'en revenant tranquillement, et le fusil sur l'épale, il entendit certains mouvements derrière les buissons de genêts et d'arbousiers. Comptant sur quelque bête, il s'approche lentement... François n'avait pas de chien, les chiens ne prenant pas assez de précautions, et ne mettant pas assez de formes dans leurs rapports avec les autres animaux. François écarta doucement les branches...

Je ne sais pas trop ce qu'il vit, et comme depuis ce moment, il ne parla plus à personne, je suis obligé de supposer qu'il pâlit affreusement, et qu'il chercha dans ses poches pour voir s'il n'y trouverait pas une balle. Il est probable qu'en ce moment son vœu de ne faire mal à aucune créature vivante lui revint à la pensée... car, sans dire mot, il reprit le chemin de la maison aux volets verts et aux balcons roses.

Il y trouva son enfant qui jouait. Sa femme n'y était pas. François ne parut pas s'en étonner; il savait sans doute où elle était.

Sans doute aussi, il avait ruminé, pendant le chemin, un sinistre projet; car il était tout sombre. Il descendit à la cave, et remonta, portant une grosse corde très-solide, qui lui avait jadis servi à quelque manœuvre de batelier.

François avait entendu dire que le genre de mort le plus agréable est, sans contredit, la pendaison. Il manquait d'ailleurs de guillotine. Il prépara un bâillon, fit un nœud coulant à sa corde, et monta sur un tabouret pour l'attacher derrière les rideaux du lit.

A qui destinait-il cet appareil? Ce n'était pas à lui... Il n'aurait pas eu besoin du bâillon. Personne ne devait rentrer à cette heure, si ce n'est sa femme.

Quand François eut tout disposé, il voulut voir si tout irait bien. N'avez-vous pas remarqué l'amour que nous avons tous pour les répétitions générales d'un spectacle? Ce que fit François était absurde... mais il éprouvait un désir bizarre... d'ailleurs, il était sûr de son tabouret et de sa main... Il se persuada facilement qu'il lui était nécessaire de voir si une tête humaine s'introduirait aisément dans le cercle formé par la corde.

Il y introduisit sa propre tête.

En ce moment, l'enfant, qui jouait, courut vers lui, et, croyant qu'il s'amusait aussi, lui cria : « *Pépère... pépère...* »

Dans sa course, elle glissa, voulut se retenir au tabouret qu'elle entraîna, et tabouret et petite fille roulèrent pêle-mêle sur le plancher.

Le nœud glissa, et l'homme sans soutien, se trouva lancé dans l'éternité !

..... Voilà pourquoi il y a au-dessous de Montretout, une petite maison à volets verts et à balcons roses, qu'on appelle d'ordinaire *la maison du pendu*.

XI

HISTOIRE DE FLEURETTE

M. Péreire, notre illustre financier, n'est pas de ces propriétaires égoïstes qui cachent avec soin au public leurs forêts, leurs fermes, leurs châteaux et leurs jardins, et qui entourent d'épaisses murailles tout ce qu'ils ont acquis, comme si le regard seul d'un étranger était une atteinte à leur droit de propriété. M. Péreire est ici le maître d'un très-vaste parc conquis sur la nature, et ce parc est royalement ouvert à tout le monde ; il est digne d'être visité. Ceux qui ont vu les dunes sauvages ne sauraient croire à cette merveille s'ils ne la touchaient pas de leurs doigts. Ceux qui parcourent pour la première fois cette région, après s'être promenés des heures dans cet élégant bois de Boulogne, après avoir trouvé sous leurs pas des tapis de verdure, de frais sentiers, après avoir admiré l'art du jardinier et le goût du châtelain, sourient de pitié quand vous leur dites qu'il y a quelques années, ce côté du bassin avait la physionomie de ces montagnes incultes qu'ils distinguent à l'autre bord. Rien n'est plus vrai pourtant : tout ici est moderne, tout ici date d'hier. Ce qui serait un tort pour un édifice est une splendeur dans un jardin; car il n'en est pas des arbres comme des maisons... ceux-là n'ont pas d'âge, étant éternellement jeunes.

C'est là qu'une allée retirée conduit à un banc, plus retiré encore, lequel a pris le nom de *Banc des amoureux*. Ce nom ne lui vient d'aucune histoire, d'aucune légende; il n'y a pas de légende là où il n'y a pas de passé. On l'appela ainsi, je pense, par la raison que son isolement, la fraîcheur de l'ombrage, les branchages dont il est formé, les détours capricieux des sentiers qui l'entourent, tout inspire le désir, tout invite à de délicieux rendez-vous, tout fait présumer que, si quelque couple bien épris s'égare sous ces bosquets, c'est là qu'il s'arrêtera.

Comme Sterne, je crois à l'efficacité des noms; nul homme n'échappe à la prédestination de son baptême; toute chose atteint le but auquel semble la convier le hasard. Le hasard n'est-il pas un mot qui devrait être rayé de la langue dss hommes? Croyez-le bien, il n'y a pas de hasard.

L'année dernière, au moment où Arcachon commençait sa nouvelle existence, lorsque le papillon sortait de la chrysalide, bien des employés de diverses sortes affluèrent dans le village, envoyés pour préparer les voies aux malades et aux gens du monde. Parmi eux se trouvait un jeune homme, nommé Julien Protat, qu'on avait chargé d'une inspection quelconque de travaux et de travailleurs. Ce jeune homme, comme bien vous pensez, était pauvre; il appartenait à une famille honorable; lui-même était beau, intelligent; il avait eu jusque-là autant de bonheur que de probité; à tout point de vue, c'était une exception.

De son caractère, il est inutile de vous parler; vous en jugerez d'après ses actions.

Les occupations de Julien étaient loin d'être nombreuses. Il profitait de ses loisirs pour se donner le seul genre de plaisir que lui permît son modeste traitement. Il se promenait sur le bord de la mer, qu'il voyait pour la première fois et qu'il admirait avec un étonnement toujours nouveau.

Vint un jour où, par un beau soleil, il détourna ses yeux de la mer pour considérer un spectacle qui ne l'émut pas moins. Ce spectacle eût fourni un précieux sujet à l'une des petites toiles de Vernet.

Ils étaient cinq, un bateau, un chien, une mère et deux enfants.

Le bateau était à l'ancre; il attendait. Il paraissait calme et confiant, bien que l'eau le secouât d'instant en instant, comme pour lui reprocher sa paresse.

Le chien, de cette magnifique race des Pyrénées, courait de ci de là sans but apparent, aboyait consciencieusement contre le bassin, et, convaincu qu'il avait rendu un important service, venait en réclamer le remercîment.

La mère, vieille femme assez laide, mettait en fagots les branches que lui jetait un des enfants du haut de la dune... branches faibles... L'enfant était un petit garçon de dix ans.

L'autre prenait les fagots et les portait au bateau.

Cette figure, avouons-le, attirait plus particulièrement l'attention de Julien. La jeune fille... vous devinez qu'il s'agissait d'une jeune fille... passait et repassait devant lui, sans paraître remarquer sa présence, et lui ne pouvait éloigner ses regards. C'est que tout, dans la beauté et dans le costume de la petite porteuse de fagots, paraissait un rêve de l'imagination.

De magnifiques cheveux noués se retroussaient sur une nuque voluptueuse, digne d'un boudoir du dix-huitième siècle; le visage fin, mignon, d'un parfait ovale, mêlait le velouté de l'enfance à la chaude carnation d'une jeunesse exubérante; quand elle relevait sa tête et ses bras fatigués, on voyait luire ces yeux espagnols qui semblent faits d'un rayon de soleil, car ils embrasent ou réchauffent, selon la passion qui les anime. Ses jambes et ses bras étaient nus; et ces jambes et ces bras, ainsi que la moue qui parfois embellissait ses lèvres rouges, rappelaient à Julien je ne sais quelle statue dont il cherchait vainement le nom; tout-à-coup, il le trouva, et s'écria : « *Velléda!* » La ressemblance, sans être complète, était frappante ; c'était la même pureté de formes, le même modèle jeune et fier, qui ont fait nier le talent de Maindron par d'ignorants réalistes, convaincus que rien n'existe de ce qu'ils n'ont pas rencontré. La jeune fille portait les culottes rouges des femmes de pêcheurs ; elle se drapait dans une jupe à couleurs éclatantes, et, courant ou marchant ainsi dans le sable humide, son pied, poli par l'eau salée, s'en détachait brillant comme ces coquillages de nacre, sans valeur peut-être, mais qu'on ne peut distinguer sans être tenté de les prendre pour les caresser un instant.

L'extase naïve et sincère de Julien ne tarda pas à être remarquée par la vieille femme, qui ne s'en offensa pas ; elle en profita pour causer un peu.

— Vous la regardez, *cette pauvre?*

— C'est votre fille, dit Julien, rougissant, et pour dire quelque chose.

— Ah ! oui, ma fille, — je suis bien trop jeune pour cela (cette femme avait la soixantaine)... non, non—c'est cet autre-là qui est à moi, oui-dà.

—Cependant, mademoiselle ne paraît pas avoir plus de seize à dix-sept ans?

— Dix-sept ans! elle n'en a que quatorze, la pauvre petiote,—pas encore, je crois bien.

Julien tombait d'étonnement en étonnement. Quant à la jeune fille, elle ne s'occupait pas plus de la conversation que de Julien : elle caressait le chien et le bateau.

— Dame, continua la bonne femme avec un air de triomphe, c'est fait, c'est formé, c'est solide, c'est fort... Regardez-moi ça courir, — Regardez-moi comme c'est bâti... ça vous en a, des bras,—ça vous en a, des...

— C'est en effet ce qui m'étonnait, interrompit Julien, à qui, sans qu'il sût pourquoi, déplaisait ce torrent d'éloges, plus naturels dans la bouche d'un marchand qui vanterait sa marchandise.

Puis il tourna le dos à la vieille femme et continua sa promenade. Il remonta par le Moulle, traversa la forêt, et, vers le soir, se trouva au chemin de fer. Il entra au buffet pour se rafraîchir. Bien que l'image qui l'avait surpris n'eût pas d'ailleurs ébranlé son cerveau, précisément même parce que son cerveau n'était pas ébranlé du tout, il causa avec quelques jeunes gens de la rencontre qui l'avait frappé.

Un homme, assis à une table voisine, prit sans façon part à la conversation.

— C'est Fleurette, dit-il, après avoir écouté le portrait qu'avait tracé Julien.

— Qui ça, Fleurette? dirent les jeunes gens.

— La fille du pendu.

— Quoi! cette petite fille dont on parle et qui a tué son père?...

— Sans le faire exprès, Messieurs. Vous ne savez donc pas son histoire?

— Fleurette a déjà une histoire?

— Mon Dieu, oui... Fleurette... si nous buvions un coup?

Fais-en autant, bon lecteur; cela t'aidera à attendre la suite de l'histoire de Fleurette et du banc des amoureux.

« Fleurette, continua le narrateur,

après avoir fait le coup que vous savez, ne fut pas si bête que de ne pas s'en apercevoir. Elle n'avait que quatre ans, mais elle parlait fort bien, et, à la façon dont elle raconta la chose, on vit tout de suite ce qui en était. On secourut le pauvre homme trop tard; et, bien qu'en somme ce ne fût pas la faute de Fleurette, il resta sur le front de cette enfant je ne sais quel sceau de malédiction divine, semblable à celui que le bon Dieu, dit-on, grava sur la tête de Caïn. Rien ne lui a réussi jusqu'à présent.

« Ainsi, sa mère, qui, entre nous, n'est rien qui vaille, partit avec un amant, et abandonna la petite aux soins de bonnes gens. Vous me direz que le père de Fleurette était riche, et qu'on n'est jamais complétement abandonné quand on a de l'argent dans sa poche. C'est bien vrai; mais jugez si la petite fille n'était pas maudite; il lui arriva ce qui peut-être n'est arrivé à aucune petite fille avant elle. Son père était riche, et sans que personne s'opposât à son héritage, Fleurette n'hérita pas d'un sou.

— La mère emporta l'argent, dit Julien.

— Pas du tout. Il arriva mieux. On ne retrouva rien. N'y a-t-il pas quelque chose de prodigieux dans cette aisance complétement évanouie? Pas de papiers, pas d'argent placé, aucune valeur (le bonhomme était cachottier), pas d'autre immeuble que la maison. Il faut que l'ancien pêcheur ait eu de l'or caché quelque part; mais où? On l'a toujours ignoré. Les recherches n'ont servi de rien. L'État se fit le tuteur de l'orpheline (*le narrateur était de ceux qui croient à la tutelle de l'État*); on lui vendit sa maison; mais on n'en retira que peu de chose, soit qu'elle ne valût rien en réalité, soit que l'accident la dépréciât, soit enfin qu'on ne mît pas à la vente tout l'intérêt imaginable. Pour vous finir l'histoire, Fleurette, qui n'avait point de parents, fut confiée à une bonne femme, laquelle se chargea de l'élever, moyennant pension, c'est-à-dire moyennant l'intérêt du petit capital de Fleurette.

— Cette femme est la vieille qui m'a parlé? demanda Julien.

— Parbleu ! et jugez si elle gagne à l'affaire. Depuis qu'elle a perdu son mari, c'est-à-dire depuis six ans, cette femme ne vit que de ce que rapporte Fleurette. Non-seulement elle continue à toucher le petit revenu ; mais elle et son garçon se nourrissent et s'entretiennent encore avec le travail de la jeune fille. Fleurette est forte, intrépide ; elle remplace le pêcheur décédé dans toutes ses occupations... On a gardé le bateau ; Fleurette va en mer, conduit les voyageurs, rapporte du poisson et le vend au marché. On lui achète même beaucoup, parce qu'elle est très-gentille ; et c'est votre admiration qui m'a fait penser que vous parliez d'elle.

— Alors, le préjugé relatif à la malédiction a tout à fait cessé ?

— Comment cela ?

— Je veux dire que le public ne lui en veut pas de l'assassinat qu'elle a commis à son insu...

— Euh ! euh ! jugez...

— Mais vous dites qu'on lui achète...

— Sans doute ; mais ce n'est pas le

village... ce sont les belles dames et les beaux messieurs...

— Les beaux messieurs ? est - ce que...?

On n'a jamais pu comprendre pourquoi, en prononçant cet « est-ce que », Julien parut très-ennuyé.

— Non, s'écria l'homme; elle est trop petiote... On ne lui fait pas la cour. Une enfant... pensez...

— Sa nouvelle mère est-elle méchante pour elle?

— Pas du tout. Son intérêt est de la bien traiter.

— C'est juste, pensa Julien. Toujours la question de l'esclavage... On ne tue pas le chien qui vous garde; on ne bat pas la femme qui vous nourrit.

Je ne sais pas comment il se fit que l'image de cette jeune fille resta gravée au cerveau de Julien. Au cerveau.., je ne dis pas : au cœur.., comment voudriez-vous qu'une figure de fille de pêcheur s'incrustât dans le cœur d'un employé de chemin de fer?

Certes, Fleurette était plus jolie qu'une

belle dame; mais évidemment elle n'avait pas d'éducation.

Qu'elle eût pendu son père, cela ne signifiait rien... Au dix-neuvième siècle, on passe aisément par là-dessus... Je crois même que, pour certaines âmes, il y a là-dedans un intérêt de plus.

Ceux qui veulent une femme pour causer avec elle ne devaient pas prendre Fleurette; ceux qui veulent une femme, non pour eux, mais pour la société, ne devaient pas penser à Fleurette... Quant à ceux qui ne veulent qu'une jolie maîtresse...

Julien, au bout de quelques jours, avait complétement oublié son aventure. Mais il se promenait beaucoup. Un soir, il traversait le parc Pereire, quand il aperçut une ombre sur le banc des amoureux. Julien était curieux... On l'est quel-quelquefois avant vingt ans; on l'est toujours après. On était au printemps; les feuilles poussaient aux arbres; il y avait difficulté de voir, sans être vu. Heureusement, ce banc était environné de rochers, assez semblables à ceux qui forment la cascade du parc Monceaux. Julien se glissa derrière ces rochers.

Il reconnut Fleurette, et il fut, j'ignore encore pourquoi, content de voir qu'elle était seule. Mais que diable faisait-elle là? Telle fut la question que s'adressa naturellement Julien.

Elle ne faisait rien absolument. Avez-vous vu quelquefois, en voyageant en Espagne, le dimanche soir, une *señorita*, pensive, accoudée à son balcon grillé, et ses yeux noirs fixés sur le vide? Fleurette faisait exactement ce que font les *señoritas*.

Malgré ses humbles vêtements, Fleurette avait ainsi un aspect poétique qui la rehaussait singulièrement. C'était même étrange de voir cette petite fille, rêvant ainsi dans l'obscurité. Ou le banc l'avait enchantée, ou elle était vraiment douée d'une intelligence supérieure à son état. On a coutume d'admettre que, seuls, les esprits élevés ont la puissance de la mélancolie et de la réflexion. Il se peut qu'on se trompe, et je ne serais pas éloigné de croire qu'en faisant son *ronron* sur mes genoux, Minotte perd sa pensée dans ces profondeurs vagues.

Il est vrai que Minette a un esprit supérieur.

Fleurette frappa vivement l'imagination de Julien. L'imagination, ce n'est pas encore le cœur : c'est mieux ou c'est pis. Il s'intéressa à cette enfant, en se persuadant qu'elle souffrait. A moins qu'elle n'aimât. Que les hommes du Nord se souviennent que nous sommes dans le Midi.

Julien n'osa pas parler à Fleurette. Il craignait que sa présence découverte ne la fît fuir, et ne l'empêchât de revenir.

Lui-même revint le lendemain... sans but, sans intention... Le parc Pereire est très-joli le soir; les chiens ne sont pas méchants... et d'ailleurs Julien avait toujours du pain dans sa poche. Certainement, il ne songeait pas à Fleurette; mais ne faut-il pas se promener quelque part?.. Et Fleurette était encore assise sur le banc des amoureux...

Ce soir-là, il y avait de la lune; mais Fleurette ne vit pas Julien... Julien en vit mieux Fleurette, et remarqua qu'elle avait l'air d'attendre. Qu'attendait-elle?

Il demeura plus longtemps que la veille; il erra; fit plusieurs tours, et, se rappelant tous ses souvenirs parisiens, il se dit :

— Je suis un niais. Il faut que je lui parle. La meilleure façon de savoir ce qu'elle fait, c'est de le lui demander.

En ce moment, un chien aboya... Julien, qui était brave, se dit qu'il ne pouvait pas se laisser dévorer par ce chien. Aussi il s'en alla.

La curiosité devient facilement de l'intérêt : c'est ce qu'éprouva Julien, qui s'habitua très-aisément à venir tous les soirs se promener au parc. Tantôt il trouvait Fleurette, tantôt il ne l'y trouvait point; mais quand il l'y trouvait, c'était toujours dans la même situation, et Julien n'osait pas lui parler.

C'était au fond un gaillard très-timide que ce Julien, et il ressemblait à bon nombre de jeunes gens, qui, à les entendre, se font un plaisir de jouer au vaudeville avec les femmes, et qui, dans la réalité, tournent plutôt au mélodrame ou à la comédie de sentiment. Tel croit aimer Béranger, qui sincèrement préfère Lamartine. Aujourd'hui on rougit d'être poëte, comme il y a vingt ans on rougissait de ne pas l'être. Affaire de modes que tout cela.

Il arriva pourtant que Julien se montra à Fleurette; et, du jour où Julien se fut montré à Fleurette, celle-ci ne reparut plus au banc des amoureux. Il est vrai qu'il plut pendant assez longtemps, et je ne sais trop s'il faut attribuer à Julien ou à la pluie la cause de cette absence.

Le ciel a ses desseins, contre lesquels nous nous époumonons en vain. Julien, qui commençait à s'ennuyer de ne plus voir Fleurette, s'aperçut que la pluie cessait et qu'il faisait presque beau. Il alla du côté de la chapelle où on lui avait dit que demeurait la vieille femme qu'il avait rencontrée sur la plage; et comme il se rappelait qu'elle louait un bateau aux promeneurs, il manifesta le désir de se rendre à l'*Ile des Oiseaux*.

L'île des Oiseaux est une masse de sable

que le bassin entoure de toutes parts, et près de laquelle on pêche une grande quantité d'huîtres.

La vieille femme ne reconnut pas Julien. Elle fit son métier en conscience et lui demanda un prix exorbitant. Julien ne pensait qu'à une chose, à savoir qui le conduirait.

Qui?... Fleurette. Celle-ci vint au premier appel, et rougit soudain en se trouvant en face du jeune homme. Pourquoi cette rougeur? Jamais ni l'un ni l'autre ne s'étaient parlé.

Elle ne put cependant se refuser à conduire la barque, et Julien frémit en la voyant roidir ses jolis bras pour faire glisser cette barque jusqu'au flot.

Il n'y avait point de nuages; l'eau, depuis le matin, demeurait azurée et transparente; Fleurette et le gamin de dix ans prirent les rames, et Julien, assis à l'arrière, vit bientôt s'éloigner le rivage.

Seulement, pour plus de sûreté sans doute, Fleurette avait amené le chien. Fleurette pensait-elle qu'elle courait des dangers?

La traversée fut heureuse. Je ne sais pas si Fleurette avait l'envie de parler à Julien, mais je n'ignore pas que Julien désirait fort parler à Fleurette. Non-seulement il le désirait, mais il était difficile qu'il en fût autrement. Quand on prend un guide, c'est bien le moins qu'on lui demande quelques renseignements sur la route, et Julien avait tant de choses à demander à Fleurette.

Mais Julien se dit que le petit garçon de dix ans le gênait, et il se le persuada, au point qu'il ne proféra pas une syllabe.

La jeune fille resta muette.

Seul le chien s'entretint avec le petit garçon, et l'on débarqua ainsi.

Julien était très-content de lui ; il avait fait preuve de résolution, car il avait juré de causer, et aurait certainement causé sans la présence du petit garçon.

Il n'avait donc rien à se reprocher, et il chantonna un petit air en descendant dans l'île.

Là une tentation devint irrésistible... Il suffisait du petit garçon pour garder le bateau ; rien donc de plus simple que de demander à Fleurette de l'accompagner dans le bois.

S'il ne le fit pas, ce n'est pas qu'il n'en eût pas l'audace; mais c'est qu'il sentit que sa voix tremblerait en disant cela.

« Que serait-ce donc auprès d'une grande dame? » songeait-il en s'éloignant. Bah ! c'est précisément parce que Fleurette est une pauvre fille que je ne veux pas qu'elle se moque de moi.

Il se promena longtemps, parcourut trois fois l'île des Oiseaux, chercha le banc d'huîtres, et, ne le trouvant pas, s'en revint.

Le temps avait complétement changé ; non-seulement la marée montait, mais le soleil s'était caché, les nuages étaient venus, et la mer avait pris cette teinte grisâtre qui signale son mécontentement.

On sait combien ces transformations sont rapides sur les grandes étendues d'eau. Le bassin est d'ordinaire aimable, mais il a parfois sa faiblesse et ses orages. Plus d'un accident a signalé ses jours de colères, bien qu'en aient dit les marins du sémaphore; et peut-être n'est-il pas si rare de voir lancer sur ses vagues des barques qui ne reparaîtront plus.

Bientôt l'ouragan éclata... Ouragan de printemps, mêlé de grêle et d'éclairs. On n'essaya même pas de regagner Arcachon... Quand même on eût voulu braver la fureur du vent, les forces réunies du passager et des rameurs n'eussent pas suffi à maintenir le bateau, repoussé violemment contre la côte.

C'était un de ces moments durant lesquels le brick stationnaire bondit lui-même comme un poisson blessé.

Ces moments-là durent quelquefois plusieurs jours... C'est alors qu'on voit les femmes et les filles des marins attardés se presser sur la plage, ne sachant s'ils sont en mer, ou s'ils ont trouvé quelque port où ils demeurent, en attendant le retour d'une brise favorable.

La pluie tombait, ou, pour mieux dire, traversait l'air en sifflant. Julien, Fleurette, le petit garçon et le chien cherchèrent un abri. L'île était littéralement déserte. Les pêcheurs, qui avaient prévu le grain, n'étaient pas sortis. On n'habite pas l'île aux Oiseaux.

Notre petit groupe se vit donc dans la situation singulière du Robinson suisse et de sa famille. Seulement, au lieu d'être jetés sur une terre éloignée, ils étaient livrés à eux-mêmes, à une lieue des côtes de France.

Je voudrais que les bornes de ces causeries me permissent de vous peindre les émotions, les inquiétudes, les recherches, l'industrie de ces nouveaux héros d'un roman que je n'écrirai pas. Trois jours se passèrent sans qu'ils pussent revenir, et personne ne savait où ils étaient. On les crut perdus. Trois jours et trois nuits, la tempête ne s'arrêta pas. Et toujours les eaux grises, houleuses, écumeuses revenaient, étouffaient, broyaient tout ce qui n'avait pas une bonne coque, un bon mât et un excellent pilote.

Que firent-ils? Quelle fut leur nourriture? Quel genre de vie adoptèrent-ils? Eurent-ils faim? Eurent-ils soif? Je vous certifie qu'ils ne rencontrèrent pas de sauvages, et que tous s'en tirèrent sains et saufs.

Quelle heure vit Julien se décider à parler à Fleurette? La relation de son voyage ne le signale pas. Il faut pourtant quelle ait sonné. Plus d'un de nous eût peut-être voulu courir pareille aventure.

En historien véridique, je dois avouer que j'ignore la plus grande partie du poëme; mais je puis vous conter encore qu'il y a deux mois, sur le banc des amoureux, Fleurette était assise, et cette fois ne regardait ni le ciel, ni les arbres, ni le vide : elle regardait simplement Julien.

Il lui demandait pourquoi, avant de le connaître, elle venait chaque soir s'asseoir là, seule et pensive, et de quoi se composait ses rêves.

Elle lui répondait :

— Je ne sais pas.

Puis, comme il la pressait, elle finissait par lui confier que, ayant toujours été malheureuse, elle avait fait beaucoup de réflexions dans sa petite tête; que, depuis son enfance, elle avait souhaité d'être aimée, parce qu'elle se sentait capable de bien aimer, et qu'un pressentiment lui avait dit que ce banc lui porterait bonheur.

Fleurette venait là, tout comme une autre enfant effeuille une marguerite.

Vous voyez bien que les noms portent en eux une destinée.

Il est certain, pour moi, que la curiosité de Julien s'étant changée en intérêt, a fort bien pu se transformer en amour. Est-ce un amour que M. le Curé bénira? Du caractère dont je connais Julien, je n'en serais pas étonné. Et, si vous me dites que Fleurette est ceci ou cela, à vous, Madame, je répondrai : « La seule noblesse de la femme consiste dans sa beauté : tout son talent est de savoir bien aimer... » A vous, Monsieur, je répliquerai :

« La rareté du fait veut qu'on l'excuse. Si jamais ce mariage se conclut, vous lui pardonnerez. Nous sommes au dix-neuvième siècle, et ce sera le dernier. »

XII

LE BATEAU DE L'ANGE

Encore une histoire, puisque nous en sommes aux histoires.

Celle-là est une légende, plus vieille que celle de Notre-Dame d'Arcachon, car elle date du temps où il n'y avait rien ni personne sur ces bords, où il n'y avait pas même de bords, où la mer jouait avec le sable, et très-probablement n'avait pas encore fondé les grandes dunes, en laissant derrière elle les étangs de Cazeaux, de Parentis et de Biscarosse.

Je dis *très-probablement*, car qui peut savoir d'une façon précise ce que faisait la mer dans les endroits où ne se trouvait aucun homme pour la voir? La mer n'a pas d'histoire; les savants d'aujourd'hui ont voulu lui en faire une, mais ne vous y fiez pas ; car on peut dire de nos savants ce que Voltaire disait des prêtres :

Notre crédulité fait toute leur science.

Il n'y a donc que la légende pour nous éclairer sur ces siècles-là. Voilà pourquoi je vais vous conter une légende.

Louis le Débonnaire régnait ; au moins avait-il le nom de roi, et l'a-t-il gardé dans l'histoire de l'abbé Gauthier, bien qu'en réalité Louis le Débonnaire ait été constamment plus loin du trône qu'un homme de lettres ne l'est de cent écus. Eût-il régné véritablement, son royaume se serait composé d'un grand champ avec un bois de haute futaie, sis où est aujourd'hui Paris, propriété que je regarderais comme insuffisante pour mes vieux jours. En aucun cas, le golfe de Gascogne n'eût eu affaire à ce roi, que je nomme seulement pour indiquer l'époque.

Louis le Débonnaire, si peu régnant qu'il fût, était souvent gêné par certains pirates qui venaient du nord, et qu'on appelait à cette cause *Northmans*, d'où nous avons fait Normands. A la vérité, il semblerait que ces Normands gênaient alors tout le monde, car ils réussissaient admirablement, et, comme tous les importuns, finirent par prendre pied dans la maison. Depuis, et afin de continuer leurs pirateries, ils se sont faits avocats et notaires.

Ces Normands, que le succès rendait audacieux, pénétraient sur toutes les côtes, pillaient toutes les villes, rançonnaient tous les serfs. Ils venaient du pays danois sur de petites barques dont aucun Arcachonais ne voudrait pour aller pêcher l'huître à deux cents mètres. Les pirates entreprenaient là-dessus des voyages de quinze cents lieues.

C'aurait été folie que de penser à ce trajet en partant. Ces hommes allaient au hasard. La curiosité les poussant (car c'étaient de grands poëtes), ils s'imaginaient pouvoir facilement accomplir ce qu'ils avaient accompli déjà, et, par la raison que leurs canots s'étaient avancés d'un mille, ils ne voyaient pas pourquoi ils ne s'avanceraient pas d'un autre mille. Qui fait deux milles en fait quatre, et le reste en doublant. Ces Normands ne manquaient pas d'une certaine logique.

Or, un jour ils allèrent plus loin que l'embouchure de la Seine ou de la Loire. Ils descendirent jusqu'à la Garonne. Inutile de dire que sur leur passage ils ne jugeaient pas contraire à leurs intérêts d'aborder dans les îles, de s'y ravitailler, d'égorger les hommes laids et d'enlever les femmes belles. C'était là gens de goût, et qui appréciaient le genre humain.

Une partie d'entre eux arriva ainsi au bas de l'*Aquitaine;* à leur entrée dans le golfe, une tempête les surprit. A ce moment, leurs barques étaient pleines d'objets dérobés, de vierges en pleurs et de beautés embarrassées, embarrassantes aussi. Les Normands y pensèrent quand ils se virent sur le point de sombrer. Il fallait aviser au plus pressé, c'est-à-dire débarrasser les canots et les rendre le plus léger possible.

Ce n'est pas le dix-neuvième siècle qui a découvert que l'argent, après la vie, est le bien le plus précieux. Ces pirates l'avaient deviné. Ils ne songèrent donc ni à se jeter dans l'eau, ni à y lancer leurs effets. Seulement, comme quelques femmes qu'ils avaient arrachées à leurs maris avaient emporté dans leurs bras de tout petits enfants, ils pensèrent que les enfants ne servent à rien, et, toujours logiques, les précipitèrent dans l'Océan. Les pauvres mères désespérées poussèrent un grand cri ; la plupart suivirent leurs nourrissons, et cela débarrassa un peu le bateau.

Bien qu'on tînt aux vierges (elles étaient alors aussi rares qu'à présent), l'orage redoublant, les vierges allèrent voir ce que devenaient les mères et les enfants.

Ce qui n'empêcha pas les pirates d'être brisés sur la côte. S'ils ne furent pas brisés (car je ne sais s'il y avait des rochers dans ce temps-là), la légende n'en fait pas mention, sans doute ils donnèrent sur les sables. Le plus grand nombre se sauva.

Le remords leur était inconnu. Ils se persuadèrent aisément que puisqu'ils étaient vivants, ils n'étaient point coupables. Rien de rassurant comme l'impunité : le succès justifie tout, et quand on réussit très-bien un mauvais coup, le monde l'appelle un bon coup. Seulement, on a tort de se persuader que le châtiment dort. Il est boîteux, c'est vrai; il avance lentement, c'est vrai; mais il avance.

Le mauvais temps passé, nos Normands se dirent qu'ils pourraient se diriger vers leur pays. Ils n'eurent pas grand peine à se mettre en mer; l'eau, limpide comme un miroir, leur présageait un heureux voyage. C'était le jour; tout souriait.

A peine avaient-ils usé de leurs rames, à peine s'étaient-ils éloignés des dunes, que soudain il se fit un grand calme, puis ils virent une chose surprenante... Tandis que le flot silencieux semblait sans mouvement et bitumeux comme l'onde du lac Asphaltite, un vaisseau tout petit, entièrement blanc, d'une blancheur éclatante, voiles, tillac, coque; un navire doux et pur comme la neige, commença à glisser devant eux. Personne n'apparaissait; pas un pilote, pas un matelot; il glissait.

Les Normands firent force de rames; ils ne pouvaient avancer... Ils hissèrent des voiles : point de vent... Ils restaient là, stupéfiés... Le navire blanc glissait toujours.

Les Normands sentaient bien que ce navire seul gênait leur course, car ils voyaient les flots s'agiter au-delà. Mais comment l'éloigner? Comme ils étaient païens, ils lancèrent des javelots... Le navire ne semblait pas s'en apercevoir. Les javelots, brandis par des mains puissantes, calmes, retombaient dans la mer calme. Les Normands s'efforcèrent de descendre, de monter, de tourner autour de ce bâtiment étrange; leur audace fut vaine comme leur force... Toujours ils l'avaient devant leurs yeux; toujours le blanc navire glissait devant leurs proues.

Alors ils voulurent s'en retourner. Impossible. La mer se refusait à leur ouvrir passage. Elle leur paraissait épaisse et comme transformée en un étang sulfureux.

Le soleil cependant était brillant au-dessus de leurs têtes, et ils voyaient bien qu'au delà tout avait son aspect naturel.

Ils étaient renfermés dans un cercle vengeur.

Longtemps ils luttèrent, puis la crainte les gagna... cette crainte superstitieuse qui paralyse et éblouit... Ils se couchèrent pensifs sur leurs bateaux immobiles, et là, toujours par le même soleil et par le même calme, ils quittèrent la vie dans les tortures de la faim.

Le dernier qui expira vit encore le navire blanc et vide glisser sur la surface d'azur.

Depuis, on assure que lorsqu'un voyageur aperçoit dans le golfe ce fantôme de vaisseau, dont l'éclatante blancheur rayonne sur les eaux, il doit s'attendre à une mort prochaine. On l'appelle la *Barque de l'Ange*. On croit sans doute que quelque envoyé de Dieu exécute ainsi ses vengeances; ou peut-être croit-on que parmi les enfants noyés il s'en trouva un baptisé à qui le Seigneur a confié la garde de ces parages. Et c'est une garde qu'il fait mieux, dit-on, que le brick payé par l'État.

J'ai contemplé cette apparition, si l'on peut s'exprimer ainsi; ce vaisseau blanc, je l'ai vu, ou quelqu'un pareil... C'était au crépuscule; j'errais sans but, sans désir, et je ne pensais nullement à lui. Ai-je eu peur?... Je suis un enfant du siècle, et je vous conte ce qu'on m'a conté.

XV

A TRAVERS LES LANDES — CAZEAUX

Quand on voyage, on se plaint généralement d'être volé. La renommée prétend qu'en Espagne, chaque hôtellerie est une caverne; elle affirme encore qu'à Paris, la bourse des étrangers se perce, comme si quelque magicien la touchait de sa baguette. Pour trouver la renommée menteuse et extravagante, je conseille à mes lecteurs une excursion dans les Landes. Les Landais laissent loin derrière eux, à cet égard, les populations les plus mal famées, et les voyageurs qui ne seront pas fanatiques de couleur locale, feront bien d'user immodérément des voitures, et scrupuleusement des auberges. A quelque taux que soient les premières, il y aura économie de cent pour cent sur le prix d'un mauvais repas dans les secondes.

Jusqu'alors j'avais cru, comme détrousseurs, les peuples civilisés infiniment supérieurs aux peuples sauvages, je me suis tout d'abord trouvé humilié en reconnaissant la fausseté de mes idées; mais aussitôt je me suis énorgueilli au moyen d'une explication... Cette explication, la voici :

Les Landais sont, nul n'en peut douder, de malhonnêtes gens, et le paraissent d'autant plus que, malgré leur air de naïve bonté, ils n'ont aucune expérience des dehors sous lesquels l'homme civilisé enveloppe son escroquerie. Le Landais croit avoir tout fait, quand il vous a caressé du regard ; il ne sait pas orner la marchandise qu'il débite, ni faire passer pour bon ou convenable ce qui est en réalité détestable et indigne. L'homme civilisé possède merveilleusement cet art. Le Landais, lui, nature stérile comme son terrain, a tout simplement entendu dire qu'il se formait sur la côte une ville d'étrangers et de malades, que les étrangers et les malades étaient gens qui payaient bien et faciles à tromper, et il s'est informé de l'argent qu'ils dépensaient d'ordinaire pour leur dîner. Là-dessus, et sans réfléchir à la différence qui existe entre une gousse d'ail et un perdreau aux truffes, il demande pour la gousse d'ail ce que Véfour demande pour le perdreau. Il le demande presque bonnement, presque simplement, et la naïveté produit ainsi des résultats qui la font supérieure à toute la ruse du commerçant.

Cependant, si barbare qu'il soit, le Landais a quelque conscience de son vol, et il essaie de se le faire pardonner à force de condescendance. Tous me rappelaient une vieille femme, que j'avais rencontrée quelques mois auparavant en Espagne, et qui, après avoir fait une prière à la *madona santissima*, vint à moi, et me demanda la charité, du ton dont un créancier rigoureux exige le payement d'une ancienne dette. Ainsi le Landais, s'étant mis à vos pieds, se relève pour vous piller.

J'eus la sottise de m'aventurer dans ces régions, par un beau jour du mois de février. Comme je ne crois pas qu'aucun touriste ait jamais accompli un voyage semblable au mien, j'ai pensé que la relation valait la peine d'être écrite, et conservée à la postérité.

Les landes sont d'ordinaire d'immenses déserts où grouillent à peine quelques arbrisseaux chétifs. La monotonie de ces plaines fatigue à la fois le regard et le pied du marcheur. De temps à autre, des forêts de sapins surgissent à l'horizon, mais sans varier le paysage, toujours immobile et triste. Vous feriez parfois vingt lieues, sans rencontrer un être vivant, sans voir le toit d'une habitation humaine. Si un berger, conduisant un troupeau de moutons blancs comme le lait, vous apparaît, grimpé sur de gigantesques échasses, tout à coup, à votre approche, il s'évanouit comme une ombre. Est-ce timidité? est-ce malice? Vous n'êtes pas sans éprouver une certaine frayeur, et sans essayer d'interroger les touffes qui recèlent peut-être quelque danger. Vains efforts! vous ne reverrez plus le berger, et pas un souffle ne troublera le silence. Au bout d'une longue marche, on se prend à songer que, sans doute, les maisons font comme les bergers, et qu'elles se cachent à la vue du voyageur.

L'été, un soleil ardent change ce pays en Sahara. L'hiver, quand un imprudent s'y engage, sachez comme il en peut advenir.

C'était un bon matin, et ma témérité était double, car je n'étais pas seul. Depuis deux mois, la pluie n'avait cessé de tomber sur toute la France. On commença à me tromper à La Teste. La Teste est un village très-laid, et horriblement sale. Au premier abord, on s'imagine que ce village a été spécialement construit pour les vaches, et que les hommes, en minorité d'ailleurs, ne sont que les humbles serviteurs de ces dernières. Toute la journée, les vaches se promènent dans les rues, mettent le nez aux fenêtres, et paraissent si bien jouir du droit de propriété, que je faillis m'adresser à l'une d'elles, pour connaître mon chemin.

J'eus lieu de me repentir de n'avoir pas suivi cette primitive idée, car le premier homme auquel je m'adressai, me fit un très-long discours sur l'immoralité de mon entreprise, et, voyant que je tenais à visiter l'étang de Cazeaux, finit par me déclarer sèchement qu'il ne se ferait pas complice d'une pareille folie. Là-dessus il s'éloigna, et je pensai qu'il devait être brouillé avec l'étang, pour quelques raisons ignorées.

Le second me dit que, en effet, il était impossible de se rendre à Cazeaux par un certain chemin qu'il appelait le chemin du canal, mais qu'il se ferait un plaisir de me l'enseigner, si je le désirais, attendu qu'il n'en connaissait pas d'autre. Je lui répondis que, voulant aller à Cazeaux, je n'avais nul besoin des chemins qui n'y conduisaient pas; et quand je l'eus remercié, nous nous séparâmes très-poliment.

Le troisième m'expliqua comment la pluie avait changé les landes en marais, comment j'aurais constamment de l'eau jusqu'au genou, et comment il vaudrait bien mieux aller à une ferme qu'il me désigna, et qui se trouvait sur la route agricole tout à fait de l'autre côté.

On ne me prendra pas pour un entêté, parce que j'allai déjeuner. Je déjeunai fort mal, je payai très-cher, et j'interrogeai l'hôtelier.

Ce qui m'aide à me rappeler la réponse exacte de l'hôtelier, c'est qu'il y avait là un petit garçon qui, toutes les cinq minutes, se faisait mordre par un perroquet, et criait à ébranler les vitres.

Voici donc ce que dit l'hôtelier :

— Monsieur, vous ne sauriez aller

à Cazeaux à pied, parce que vous vous égareriez ; vous ne sauriez y aller à cheval, parce que vous vous noieriez, et vous ne sauriez y aller en voiture, parce qu'il n'y a pas de voitures.

— Diable ! fis-je... et Nadar qu'on ne veut pas écouter. Mais, dites-moi, quel moyen emploient donc les habitants de Cazeaux pour communiquer avec le reste du monde ?

— Pardi ! répliqua l'hôtelier, ils viennent par le canal.

— Eh bien (ceci fut dit timidement) ! est-ce que moi je ne pourrais pas les aller trouver par le moyen de ce même canal ?

L'hôtelier me toisa de la tête aux pieds, toisa de même ma compagne, et avec un sourire goguenard :

— Non, monsieur, dit-il.

Il allait s'éloigner : je le rappelai.

— L'étang de Cazeaux est un lac qui n'a pas moins de 7,000 hectares de superficie, 60 mètres de profondeur, et 36 kilomètres de tour. Or, un lac qui a 36 kilomètres de tour ne peut être inabordable de tous les côtés.

L'hôte se gratta l'oreille.

— Il y a bien Sanguinet.

— Qu'est-ce que c'est que Sanguinet?

— Sanguinet, c'est un village.

— Près de l'étang?

— Aussi près que possible.

— Peut-on aller à Sanguinet?

— Parfaitement; il y a une route.

— Est-ce loin?

— Pas trop.

— Alors, indiquez-moi la route de Sanguinet.

L'hôte, ayant appliqué une claque au petit garçon qui, pour la septième fois, venait de se faire mordre par le perroquet, nous escorta jusqu'au bout de la rue.

— Toujours tout droit, et la première route à droite.

Ce renseignement était exact, comme tous les renseignements... C'est-à-dire qu'après avoir interrogé six personnes, et tourné trois fois en sens contraire, nous finîmes par découvrir un écriteau qui portait en gros caractères :

SANGUINET, 18 KILOMÈTRES.

La route était belle : nous hésitâmes, néanmoins: 18 kilomètres, plus 6 kilomètres déjà parcourus, nous donnaient 24 kilomètres... Mais renoncer à une entreprise est toujours plus difficile que de l'accomplir. Nous nous précipitâmes sur la route de Sanguinet.

Nous fîmes 9 kilomètres d'une venue; après quoi nous nous assîmes sur un tertre, et nous commençâmes à réfléchir.

La route continuait toujours à être belle... trop belle, hélas ! Vous savez ce qu'on appelle une belle route, et s'il y a supplice comparable à la vue de cette éternelle bande blanche qui, surtout dans les landes, menace de ne jamais finir, parce qu'il n'y a ni montagnes, ni vallées. Nous avisâmes un cantonnier au travail, les routes ayant cela de particulier, qu'on y travaille toujours, sans y changer jamais rien.

Ce cantonnier était un échantillon parfait de la race landaise. Vieillard chétif, maladif, fiévreux, il avait cette figure blafarde et molle qui tient le milieu entre un parchemin qui se racornit et une pomme depuis longtemps ridée. Nous lui demandâmes, dernier essai, si, du point où nous étions, il était possible de gagner Cazeaux, et si Cazeaux était moins éloigné que Sanguinet.

Il s'appuya sur sa bêche, et nous répondit qu'en prenant le premier petit chemin à droite, nons arriverions infailliblement à Cazeaux, et beaucoup plus tôt qu'à Sanguinet. C'était le sentier que suivait M. Lami, avec sa voiture, lorsqu'il allait voir son fils à La Teste.

En prononçant le nom de Lami, le cantonnier ôta sa casquette, et je crus devoir aussi me découvrir, pensant qu'il s'agissait d'un personnage important.

Seulement, nous aurions un peu d'eau.

Je fis à peine attention à cet avis. Un peu d'eau, pour moi, cela voulait dire de légères flaques à contourner. Je ne me rappelai que plus tard le regard de profonde commisération que nous jeta le pauvre cantonnier; et je ne pris pas garde au ton sinistre dont il nous lança ces derniers mots, quand nous le quittâmes:

— Le bon Dieu vous bénisse !

Il se remit à son travail, parfaitement convaincu que nous ne reparaîtrions plus à ses yeux avant le jour du jugement.

Je signale ce sentier comme le plus traître des sentiers. D'abord il fut légèrement boueux, mais il était gentil : il reposait de la route; ensuite il rivalisa avec le boulevard des Italiens, les jours d'été, quand on arrose... Cela ne nous effraya pas... Tout à coup, une flaque apparut... Le chemin paraissait charmant de l'autre côté.

— Voilà l'eau prédite, dis-je.

Et nous la contournâmes... Une seconde, puis une troisième... La quatrième nous donna assez de peine, pour que nous ne voulussions pas retourner en apercevant la cinquième...

La cinquième... nous nous regardâmes, comme devant l'écriteau de Sanguinet, mais cette fois avec une certaine horreur... Avec un peu de bonne volonté, et si l'on n'eût eu égard aux 36 kilomètres, on aurait pu prendre celle-ci pour le propre étang de Cazeaux. Quant à la contourner, impossible... A droite et à gauche, la lande était un marais, marais terrible, couvert de végétation, et dans lequel le pied s'enfonçait... Un véritable terrain mouvant, désireux de vous engloutir.

Nous demeurions, pleins de bonne volonté pour avancer; ne pouvant nous décider à retourner sur nos pas... En effet, ce n'aurait plus été une distance de 9 kilomètres à franchir; il aurait fallu y ajouter l'aller et le retour par le sentier, et fatigués comme nous l'étions... Puis, quel ennui! quel ridicule! Sans compter que les flaques si péniblement traversées, nous serions obligés de les traverser encore. Et qui sait si cette cinquième n'était pas la dernière? Allons! rien qu'un peu de courage...

Comment faire? Une idée me vint. Nombre de genêts croissaient à l'entour. Nous nous mîmes, nouveaux Robinsons, à briser les minces branchages et à les jeter par poignées dans l'eau, pour établir un pont suffisant. Le travail fut long et pénible. Nous écorchions nos mains parisiennes à ce labeur de Peaux-Rouges, et cependant cette lutte contre les obstacles, loin d'augmenter notre fatigue, parut d'abord nous délasser. Nous étions si fiers de nous trouver, pour la première fois de notre vie, dans une réelle et immense solitude, et de ne devoir notre salut qu'à nos propres efforts, que la joie succéda bientôt à la terreur, et ce fut à travers les éclats de rire les plus sincères que nous terminâmes l'œuvre absurde qui achevait tout simplement notre perte.

Nous triomphâmes, non sans nous être mouillés, nous nous trouvâmes sur l'autre bord. Là, nous revoyions la route, route étrange, qui semblait tracée pour un amphibie, partie sous l'eau, partie sur un sol ferme. Vous devinez que nous n'en étions pas quittes avec les flaques. Mais le sentier y mit de la noirceur. Tantôt petites, tantôt grandes, tantôt praticables, tantôt difficiles, bientôt il fut impossible de les compter. Puis le terrain s'abaissa de plus en plus; la flaque, après être devenue un marais, devint un lac; le lac se changea en trou, le trou en abîme. C'eût été folie que d'espérer combler de pareils gouffres, en y jetant des touffes de genêts. Huit jours de travail et les genêts de toute la lande n'y auraient pas suffi. Le soir venait; nous étions fort loin de Sanguinet, et nous n'étions pas près de Cazeaux; pas un murmure autour de nous; aussi loin que le regard pouvait porter, le vide et le silence : il y avait de quoi frémir, et les éclats de rire commençaient à se faire moins vibrants.

La fatigue revenait. Cette pérégrination avait-elle un but? aurait-elle une fin? Les obstacles s'accroissaient; ne deviendraient-ils pas insurmontables? Décidément, Cazeaux était un poste imprenable et propre à servir de refuge à un souverain détrôné, si toutefois ce dernier trouvait quelque moyen d'y arriver.

Étions-nous dans une bonne direction? Cette idée ne nous était pas encore venue!.. Et cependant, quelles probabilités qu'un homme, fils d'un homme, nous eût indiqué sérieusement un pareil itinéraire, sans s'informer de notre habileté dans l'art de la natation? Il devait exister un autre chemin.

Nous cherchâmes; nous sautâmes des ruisseaux qui peut-être avaient été des avenues; nous traînâmes des troncs d'arbres abandonnés, seuls indices du passage de l'homme dans ces régions; nous nous suspendîmes sur la pointe du pied à des arbustes qui auraient dû se briser cent fois et nous laisser juger du fond des précipices. J'eus lieu de bénir la Divinité, qui ne m'a donné ni l'ampleur de Théophile Gautier, ni la colossale prestance d'Alexandre Dumas. Enfin nous cherchâmes tant, que nous aperçûmes un vieux mur.

Quelqu'un avait habité là, mais n'était-ce pas avant le déluge? Cette muraille n'avait rien d'humain, rien qui indiquât qu'elle n'eût pas été bâtie par un mastodonte. Lézardée, branlante, inutile, elle avait l'air d'être là, au milieu de ces eaux croupissantes, tout exprès pour signaler l'existence d'un peuple ou d'un monde englouti. Nous en fîmes religieusement le tour, et nous y remarquâmes une grande tache noire.

Je hasardai la réflexion que cette situation était neuve pour un Parisien et une Parisienne, et que, si des bottines vernies sont une chaussure parfaitement appropriée à l'asphalte de la rue de Rivoli, elles perdaient tout leur confort dans les pays où nous avait conduit notre étoile.

— Comprends-tu l'utilité des échasses?

Elle ne me répondait plus. Décidément, la gaieté s'en était allée, faisant place à l'inquiétude. Là-dessus, la nuit vint.

Nous avions tant fait de tours et de détours, que nous avions complétement perdu le sentier. Était-il regrettable? Si la voiture de M. Lami avait jamais passé par là, cette voiture ne devait-elle pas être rangée au nombre des plus merveilleux objets enfantés par l'industrie moderne? Plus d'hésitation : il fallait reculer.

Aurions-nous la force de revenir? Aurions-nous le courage de retomber dans toutes nos traverses? Ce serait à en pleurer. Non, mille fois non ! plutôt des traverses nouvelles... L'imprévu, quelque horrible qu'il soit, est cent fois préférable à l'attente de la tristesse, là même où a brillé la gaieté. Notre voyage était une image de la vie, et nous comprenions alors comment Dieu a amoindri nos maux en ne nous les laissant pas deviner.

A vrai dire, nous n'avions pas le choix. Après quelque temps, le mot fut prononcé : nous étions égarés, perdus au sein des landes brumeuses, par des ténèbres épaisses, qui donnaient au paysage une teinte bleuâtre du plus mauvais goût. Les arbustes nains ressemblaient à une armée de *kobolds* grimaçant et glissant sur des miroirs. Ils s'esquivaient quand nous marchions, et se retournaient précipitamment pour nous saisir par nos habits. De temps à autre, ma compagne jetait des cris qui témoignaient que la peur avait remplacé l'inquiétude.

Il y a quelque chose de terrible dans le silence. Cependant je fis remarquer que notre isolement constituait une grande sûreté. Les voleurs sont gens sociables, qui ne recherchent pas d'ordinaire les endroits où il n'y a personne. Ce n'était pas loin des villages que nous devions les rencontrer.

Malheureusement la terreur est insensée. Parfois un tronc lointain prenait une apparence d'homme penché pour regarder : alors elle s'arrêtait et me serrait convulsivement la main.

—Plût à Dieu, lui dis-je, qu'un homme quelconque apparût, fût-ce Fra-Diavolo en personne... il ne refuserait certainement pas de nous indiquer notre route.

Par bonheur, le froid se faisait à peine sentir. Je m'arrêtai pour m'orienter. Bientôt une succession de raisonnements me conduisit à penser :

1° Que nous devions être plus près de Cazeaux que de tout autre endroit;

2° Que Cazeaux devait se trouver dans telle direction plutôt que dans telle autre;

3° Que nous n'avions rien de mieux à faire que de suivre cette direction.

Dès lors ce fut une déroute, une fuite,

un désastre... Plus de soins, plus de regards, plus de recherches; aucune délicatesse, aucune hésitation... Aller, toujours aller, et le plus vite que le pouvaient nos jambes; par la boue, par les lacs, par les genêts, par les pins; droit devant soi, crottés, mouillés, retroussés, hideux : il fallait en finir. Les vêtements déchirés aux épines, l'eau pénétrant dans tous nos pores; mais ne nous laissant plus arrêter ni par les épines ni par l'eau, nous marchâmes, si cela peut s'appeler marcher, deux ou trois heures encore. Tout à coup je poussai un cri de triomphe.

La lune venait de s'échapper d'un nuage, et illuminait à l'horizon une immense ligne d'opale.

— Le lac! le lac! m'écriai-je.

Elle n'osait y croire. Une église éloignée sonna neuf coups, clairs et distincts.

— Une église, c'est un village; ce doit être Cazeaux. Quoi que ce soit, en route vers l'église. Et il y a des gens qui se plaignent du son des cloches!...

Je n'avais été jusque-là nullement certain d'avoir bien dirigé notre course;

mais j'affectais de n'en pas douter. Car, de dire que nous pouvions être réduits à errer ainsi pendant des nuits et des jours, ce n'était pas le temps tout à l'heure. Le succès nous fit redoubler d'efforts.

Toujours personne. A droite s'élevaient quelques collines. On eût pu croire que le village s'était évanoui; mais la ligne d'opale grandissait.

Enfin nous surgîmes d'une mare dans un sentier. Le sentier sortait de la mare, comme s'il n'eût jamais eu d'autre but que d'y conduire les amateurs. Dans cette mare, qui aurait dû être une route, une douzaine de canards se prélassaient, parfaitement convaincus qu'ils jouissaient là d'un domicile légal; et ils parurent médiocrement satisfaits quand nous nous permîmes de patauger auprès d'eux.

Nous entrâmes dans le village, un village hâve, décharné, quelques masures éparses, qu'on eût dit parfaitement inhabitées, point de lumières. L'obscurité était plus sombre dans le village que dans la lande. Cependant un bruit vague se fit entendre devant nous : c'étaient deux échasses. Un homme rasait le toit au-dessus de nos têtes. La défiance des Landais est telle, qu'ils ont toujours l'air de s'esquiver; nous arrêtâmes celui-là; nous étions morts de fatigue; nous cherchions une auberge.

Ici nouvel obstacle... L'homme ne parlait que le patois. Il baragouina quelques mots, et s'enfuit de toute la vitesse de ses échasses.

Il n'y avait aucun espoir de rencontrer un autre habitant. Il fallut frapper aux maisons.

A la première chaumière on ne me répondit pas; je poussai la porte, et je me trouvai jeté soudain dans une scène de Walter Scott.

Une grande pièce, ayant pour plancher la boue, n'était éclairée que par une faible flamme, mourant dans une immense cheminée. Devant cette cheminée, une vieille femme, affreuse et déguenillée, se tenait *à croppetons*, rongeant ses poings décharnés, et chantonnant sur un rythme monotone et bizarre. Deux enfants, également accroupis, et plus semblables à des singes qu'à tout autre type de créature, flanquaient chaque côté de la mégère. Leurs regards ne quittaient pas une énorme chaudière suspendue sur le foyer. Tout cela, vieilles femmes, enfants et chaudière, avait l'air d'accomplir l'œuvre sans nom de Macbeth.

Lorsque j'entrai, la vieille femme seule se leva. Elle accourut à ma rencontre, et se mit à pérorer dans un dialecte inintelligible, et, je le crois, inintelligent. Rien ne prouvait pourtant qu'elle ne maudissait pas le profane introduit au milieu des mystères.

— Madame, dis-je, seriez-vous assez bonne pour m'enseigner une auberge?

Elle n'attendit pas la fin de cette modeste phrase, que sans doute elle ne comprit pas. Ses gestes multipliés, son discours sans fin, son air menaçant et déraisonnable, m'eurent bientôt convaincu qu'il n'y avait rien à en espérer. Je rejoignis ma compagne, qui, par bonheur, avait eu la prudence de demeurer dehors.

Je m'adressai sans plus de succès aux habitants de cinq ou six autres maisons.

Nul ne m'entendait; nul ne se faisait entendre de moi. Dans tous les pays étrangers que j'avais visités, j'avais rencontré des gens qui parlaient peu ou prou le français. Il m'était réservé de découvrir, en France même, une population entière ignorant profondément le premier mot de la langue nationale. Aujourd'hui qu'il est de mode de réunir les races, et de rassembler sous un même sceptre tous ceux qui demandent à boire de la même façon, je voudrais savoir s'il est bien légitime que les Landes appartiennent à la France.

Cette nuit-là, je ne m'en demandais pas tant. J'allais, cherchant des yeux ces sortes d'enseignes branlantes ou de bouchons de paille qui, dans les bourgs, indiquent au voyageur qu'il trouvera asile pour son argent, et je ne découvrais aucun signe de ce genre quand, à la clarté de la lune, je déchiffrai sur un mur ces deux mots :

« École primaire. »

— Sauvé! m'écriai-je... Il y a ici un instituteur... Cet instituteur doit savoir sa grammaire... Mais, ou il néglige de l'apprendre aux enfants qu'on lui confie, ou on ne lui confie pas d'enfants du tout, ce qui ne m'étonnerait pas.

La présence d'un maître d'école dans ce pays ne me causa pas une médiocre surprise. Ayant heurté, je surpris l'éminent fonctionnaire occupé à souper avec son épouse. Je ne m'étais pas trompé; cet homme savait le français. Il le savait mal, mais enfin il l'avait appris. Heureux comme un Parisien qui rencontre un compatriote au Kamschatka, je lui racontai nos aventures, et il parut prendre un grand intérêt à ce récit. Ses yeux brillaient de joie; il saluait chaque mot par un signe d'assentiment; il avait comme des envies de bondir sur sa chaise, et je crus un moment qu'il n'y résisterait pas, et qu'il allait danser.

Pour moi, qui ne voyais rien de drôle dans mon odyssée, je ne m'expliquais pas le nouvel effet que je produisais. Il se tournait vers sa femme, à qui, soit dit en passant, il n'avait pas non plus enseigné la grammaire; et, riant de bon cœur, il lui traduisait la narration de nos exploits. Sa femme paraissait y prendre le même goût; et tous deux cessaient de manger pour se livrer tout entiers à cette extraordinaire allégresse.

— Comment? c'est bien vrai, vous ne me trompez pas? vous êtes venus par ce chemin? dit le maître d'école.

— Par ce chemin. Regardez-nous, et vous n'en douterez pas.

— Mais savez-vous que ce chemin est impraticable?

— Pardieu, puisque nous l'avons pratiqué.

— De tout l'hiver, personne ne s'y est aventuré; les échasses n'y servent de rien; il y a des terrains mouvants qui ont englouti trois hommes.

— Diable!

— Et un charretier, qui a voulu y passer, y a laissé sa voiture. Peut-être l'avez-vous vue?

Tout cela était dit d'un ton de contentement suprême, et l'homme et la femme nous regardaient avec une admiration de sauvages qui aperçoivent des blancs.

Cette idée m'expliqua l'ivresse de l'instituteur. Pour ce pauvre solitaire, je prenais les proportions d'un événement ; et, malgré la meilleure volonté du monde, il ne pouvait me plaindre de lui apporter les éléments d'un entretien de huit jours avec toutes ses connaissances du pays. Une telle aubaine était un vrai présent du Seigneur.

Cependant il lui fallut achever son souper. C'est pourquoi il ordonna à sa femme de nous conduire à notre gîte, qui se trouvait, paraît-il, dans une maison voisine. Cette maison, défendue par un gros chien, était d'un abord difficile, d'autant plus que la maîtresse d'école nous abandonna à la porte. La ruse aidant, nous parvînmes néanmoins jusqu'au fond d'une cour, du fond de la cour dans un corridor, où nous trouvâmes une petite fille, et du corridor dans une cuisine, où nous déterrâmes encore une vieille femme.

Celle-ci, en nous voyant, récita un *Pater* et un *Ave*, et, sur notre demande de dîner et de coucher, s'écria que c'était chose impossible. Cependant, quand nous eûmes embrassé ses genoux et qu'elle eût commencé à croire à notre existence, elle nous déclara plus froidement qu'elle n'avait rien, mais qu'elle allait aviser à nous faire quelque chose. Nous lui racontâmes nos tribulations, et aussitôt, culbutant la petite fille, elle se précipita je ne sais où et disparut à nos yeux. Un instant après elle revint, portant trois paires de bas, des chemises, des camisoles, des sabots, tout un fond de boutique. Cette femme était non-seulement l'aubergiste, mais encore la mercière du village.

Nous fûmes contraints de lui acheter un assortiment de lingerie grossière; puis, en nous accablant de condoléances, elle réussit à faire griller un bout de boudin, qu'il nous fut impossible d'avaler. Dix heures sonnaient; il y avait quatorze heures que nous marchions à travers les Landes.

Enfin on nous conduisit à notre chambre, où un sommeil réparateur ne tarda pas à amener l'oubli.

Ce sommeil ne fut cependant pas profond au point de nous empêcher d'entendre mille bruits étranges, qui témoignaient que quelqu'un veillait autour de nous. Le lendemain, nous apprîmes qu'en effet ni l'hôte ni l'hôtesse ne s'étaient couchés. Car il y avait un hôte ; et, par une coïncidence extraordinaire, cet hôte n'était autre que M. Lami, salué par le cantonnier et par moi comme un homme d'importance.

Ni l'hôte ni l'hôtesse n'avaient dormi. Dès que le souper de l'instituteur avait été terminé, il était accouru avec sa femme. Puis la peur les avait tous pris. Comme il arrive quand on bavarde beaucoup, ils avaient fini par dire mille sottises. Entre autres, il leur avait plu de constater qu'une femme n'aurait pu arriver à Cazeaux après une telle excursion, et qu'il fallait à toute force voir dans ma compagne un homme déguisé. Bien qu'ils n'eussent jamais entendu parler de Jack Sheppard, ces gens-là croyaient aux voleurs jeunes et gentils.

Cette terreur corrobore l'idée que je me suis toujours faite de l'existence d'un trésor dans la maison de M. Lami, trésor que je fus obligé d'accroître dans une mesure vraiment extraordinaire. Je suis convaincu qu'ils m'ont fait payer la peur que je leur avais causée, autrement il serait impossible de s'expliquer l'addition.

Le lendemain matin, sonna l'heure de notre triomphe : si fatigués que nous fussions, nous voulûmes nous rendre à l'étang. Tout Cazeaux était sous les armes ; vieilles femmes, échassiers, nous regardaient par les fentes des masures ; de jeunes filles, point... il n'y a pas de jeunes filles dans les Landes... en un jour l'enfant devient un vieillard. Quand nous passâmes devant l'école, tous les gamins du pays firent cercle autour de nous, et l'instituteur nous sourit d'un air de connaissance, enchanté comme un seigneur qui vient d'organiser une fête à son peuple.

Nous nous en tirâmes, et bientôt nous fûmes dédommagés de nos peines.

J'ai entendu dire à un voyageur qu'il ne connaissait pas d'aspect plus ravissant que l'entrée du lac de Cazeaux. Il faut ici faire la part de l'exagération. Cazeaux n'en reste pas moins, sinon le plus beau, au moins un des beaux sites de la France.

Comme une belle femme gagne au voisinage d'une vieille, comme les Pyrénées gagnent au voisinage des Landes, ainsi ce lac, entouré d'arbres et de bosquets, jeté là, au milieu du désert, doit enivrer l'œil qu'il surprend. Ce printemps dans cet hiver est d'un splendide effet.

Il a sa plage comme une mer. Une large étendue de sable sépare la végétation des Landes de sa végétation à lui. C'est toute une contrée, c'est tout un climat que vous franchissez en quelques pas. Cependant ses bords vous restent dérobés... Tout à coup, une échappée vous le découvre tout entier. Alors vous vous arrêtez presque ébloui. Cette vaste plaine d'eau perpétuellement argentée se déroule gracieusement sous vos regards. Point de bruit... un remous presque silencieux... des rides qui sont des sourires. Le lac de Cazeaux, bien que très-probablement laissé par l'Océan en des temps inconnus, a l'eau douce et pure des fontaines. On y éprouve ce que j'appellerai la fascination du bain. Rien ne tente comme de se glisser dans cette limpidité... La pente est insensible... on dirait d'un réservoir préparé par la main de Dieu, pour le seul agrément de l'homme.

Il serait imprudent de se fier à ce réservoir. Le centre cache d'immenses profondeurs et de terribles colères. Mais on n'y peut songer. Tout ce qui vous entoure est aimable... une foule d'anfractuosités, de promontoires, de côtes sinueuses, se plient et se replient, s'enfoncent, se cachent, paraissent, disparaissent, et les forêts qui les recouvrent semblent former une ronde de nymphes autour d'une déesse mythologique. Au fond, à l'horizon s'ouvre le goulet, qui donne passage au flot de Biscarosse. Que l'on s'asseye et qu'on rêve, bientôt on sera la proie d'un véritable mirage... Dans cette nappe veloutée, qui s'avance toujours sans vous atteindre jamais, vous retrouverez bientôt cette magnétique séduction qui donna naissance à l'enchantement des sirènes.

Force nous fut de quitter cette poésie. Quant au village, il n'y avait bien réellement qu'un chemin pour s'en éloigner; c'était ce chemin du canal, que nous trouvâmes, je vous assure, et bien qu'on en eût dit à la Teste, très-commode et très-hospitalier. Je me demande encore aujourd'hui quel intérêt a poussé ces Testois à notre perte.

Quoi qu'il en soit, et pour finir comme j'ai commencé, je supplie M. About et tous ceux qui parlent des Landes, d'être convaincus de cette vérité :

« Qu'il s'agisse de la France ou qu'il s'agisse d'une province, le premier moyen pour rendre heureux un pays, grand un peuple, libre une nation, c'est la moralisation de l'individu. Faites moins de théories et plus d'honnêtes gens... c'est ainsi que Jésus comprenait la politique. »

PETIT GUIDE DU VOYAGEUR A ARCACHON

Je fais suivre ces causeries de quelques conseils aux étrangers. Tout au contraire des Guides ordinaires, je dirai ici ce qu'il est important de savoir, et seulement ce qu'il est important de savoir.

Je prends le voyageur au débarqué; je le suppose à la sortie de la gare, et me voici un de ses amis, qu'il consulte.

Il doit d'abord choisir son domicile. A Arcachon, il y a trois façons de se loger. Il y a les hôtels de la plage, les maisons de famille, et les villas particulières.

Tout dépend de l'époque qu'a choisie l'étranger pour son voyage; tout dépend du temps qu'il désire y rester.

Est-ce l'été? est-ce l'hiver? car Arcachon ne chôme pas, Arcachon a deux saisons. L'été, on y prend des bains de mer; l'hiver, on y habite la forêt de pins.

Si c'est l'été, le voyageur pourra se faire conduire dans un des hôtels de la plage. Comme il n'y a ici aucune réclame payée, je n'en recommande aucun. Je dois dire d'ailleurs que, lorsqu'on a dessein de faire un long séjour, mieux vaut mille fois habiter la ville de la forêt.

C'est dans la ville de la forêt que sont les maisons de famille et les villas. Êtes-vous riche? Voici le tableau des villas, et le prix de leur location :

CONDITIONS DE LOCATION

Il est fait une remise d'un mois pour les locations de 6 mois, et de deux pour celle d'une année.

Le linge et l'argenterie sont fournis aux locataires moyennant un supplément de prix variant entre 75 et 40, 50 et 30 fr. par mois.

S'adresser au Régisseur du Casino.

DÉSIGNATION DES VILLAS	Saison d'Hiver (de novembre à mai)		Saison d'Été (de juin à octobre)	
	1 mois.	3 mois au moins.	1 mois.	3 mois au moins.
		le mois.		le mois.
Villa du Moulin Rouge...	350f.	300f.	600f.	500f.
Faust............	300	250	350	300
Marguerite........	400	350	450	400
Brémontier........	500	400	600	500
Eugénie...........	400	350	450	400
Cæcilia...........	400	350	400	350
Montesquieu......	300	250	250	200

DÉSIGNATION DES VILLAS	Saison d'Hiver (de novembre à mai)		Saison d'Été (de juin à octobre)	
	1 mois.	3 mois au moins.	1 mois.	3 mois au moins.
		le mois		le mois
Villa Noémi	300	250	250f.	200f.
Graciosa	300	250	250	200
Franca	300	250	250	200
Berquin	300	250	350	300
Peyronnet	250	200	250	200
Newton	250	200	250	200
Montaigne	400	350	450	400
Montretout	500	400	700	600
Riquet	600	500	700	600
Solitaire	100	75	75	50
Napoléon	350	300	400	350
Halévy	300	250	300	250
Victoria	400	350	500	450
Isabelle	450	400	600	450
Meyerbeer	600	500	600	500
Bagatelle	100	75	75	50
Buffon	500	450	600	550
Descartes	450	400	500	450
Turenne	450	400	600	550
Richelieu	450	400	450	400
Papin	350	300	400	350
Cassini	350	300	400	350
Shakespeare	400	350	450	400
Humboldt	350	300	350	300
Turgot	350	300	350	300
Condé	350	300	350	300
Vauban	200	150	200	150
Fénelon	300	250	300	250
Franklin	400	350	350	300
Sully	400	350	350	300
Mozart	125	100	200	175
Molière	400	350	350	300
Colbert	500	450	400	350

Ce tableau a le tort de contenir *Riquet*, *Napoléon* et *Victoria*, qui sont maisons de famille. Je vous en parlerai tout à l'heure.

Il faut auparavant que je vous dise ce que c'est que les villas.

Les villas sont des chalets, jetés çà et là, en pleine forêt; elles composent cet aspect unique et ravissant, qui, depuis quelques années, a tant fait célébrer Arcachon. La plupart sont jolies; toutes diffèrent... Il en est qui sont des chefs-d'œuvre... Je citerai, entre autres, *Brémontier*, une ferme suisse fortifiée... *Montaigne*, dont la disposition intérieure est parfaite... *Meyerbeer*, une des plus grandes. — *Montretout*, dont la situation admirable offre un des plus beaux points de vue qu'on puisse rêver. — Quelle que soit celle que vous choisissiez, vous êtes chez vous. Il est bien entendu qu'elles sont toutes meublées et bien meublées; mais il vous faut vos domestiques, votre femme, vos enfants. Vous n'êtes pas à l'hôtel, et vous vous nourrissez comme vous l'entendez... Il est vrai que vous pouvez aller au restaurant; nous reviendrons sur ce sujet.

Si vous n'êtes pas riches ou que vous soyiez garçons, ou encore que vous préfériez la vie en commun à la vie solitaire, ou encore que vous trouviez toutes les villas louées, ce qui ne m'étonnerait pas, et ce qui m'est arrivé, vous avez la ressource charmante des maisons de famille.

Le nom n'est pas bien trouvé, je l'avoue, mais l'institution est bonne.

Les maisons de famille sont des villas, non moins gracieuses, non moins élégantes, non moins confortables que les autres. Ce ne sont d'ailleurs que ces mêmes villas, louées à la Compagnie, pour recevoir les étrangers.

La *villa Riquet* est la plus agréable pour les malades qui vont passer l'hiver à Arcachon. Complétement enfoncée dans les pins, elle ne reçoit jamais le vent de la plage; les arbres penchent leur feuillage sur les balcons; elle est grande, superbe, et avoisine la villa Pereire.

Tous ces avantages s'amoindrissent l'été, et la *villa Victoria* en a quelques autres, qui ne sont pas à dédaigner. D'abord, elle touche à la gare, puis elle est près du bain; enfin, elle est dirigée par un homme à qui j'envoie ici mon meilleur souvenir et ma meilleure poignée de main. M. Venot est un hôte excellent, et surtout accommodant.

Il convient maintenant de vous dire comment vous vivrez dans ces maisons de famille. Vous y trouverez à volonté des chambres à deux lits, à un lit avec ou sans cabinet; vous y pourrez même loger votre domestique. Il y a un tarif pour ces chambres; mais ne vous fiez nullement à ce tarif. Chacun fait son prix avec l'hôte, qui diminue plutôt qu'il n'augmente.

Chambres à deux lits, de 5 à 7 fr. par jour.
— à un lit, avec cabinet, de 6 à 10 fr.
— de garçon à un lit, de 3 à 4 fr.
— de domestiques, de 1 50 à 2 fr. 50.

Les repas sont fixés à trois francs. C'est donc une dépense de 9 à 12 francs par jour—plutôt 9 que 12.—On déjeûne à onze heures, on dîne à six. La salle à manger est commune, mais les locataires de la maison s'y réunissent seuls. La nourriture est celle d'une table d'hôte confortable.

La villa Napoléon est dans une autre situation.

Quand vous quittez la gare, vous remarquez à gauche un grand monument chinois, c'est le buffet. Ce buffet est dirigé par M. Séba, le frère du fameux Séba de Morceux, le même qui créa le premier buffet, où l'on fût poli pour les voyageurs. M. Séba a loué la villa Napoléon ; il y donne à coucher aux étrangers qui veulent se nourrir chez lui. La villa Napoléon est une petite habitation à l'italienne, fort jolie, et naturellement voisine du buffet. Les garçons, à qui il est indifférent de faire quelques pas pour déjeûner, trouveront chez M. Séba d'excellents repas à 3 francs et 3 francs 50 centimes.

Je pense que vous voilà installé. Vous avez pris un des omnibus qui stationnent à la porte de la gare. Vous avez payé 25 centimes pour chaque place, 25 centimes pour chaque colis, vous vous êtes arrangé avec hôtels, villa ou maison de famille; qu'allez-vous faire?

Ou vous êtes un homme de plaisir, ou vous êtes un malade. Messieurs les gens de plaisir, vous me permettrez de commencer par les malades.

La saison d'été est la saison des bains de mer. Le bassin dans lequel vous allez les prendre, a 80 kilomètres de circonférence. Nous vous conseillons, avant de vous baigner, de vous promener pendant quelques jours sur la plage. Cette plage est magnifique, le sable y est doux, sans mélange, l'air très-fourni d'exhalaisons salines, fortifie rapidement. Les enfants peuvent se rouler dans le varech, sans exciter la moindre frayeur.

Le bain est accessible à toute heure. Pendant vos promenades, vous verrez beaucoup d'établissements, flanqués de cabines, où vous trouverez tous les costumes, tous les baigneurs et tous les renseignements nécessaires. On met aussi à votre disposition des voitures de bains, appelées *chalets roulants*. Le chalet roulant se compose de deux chambres. Il vient chercher les baigneurs chez eux, les dépose dans l'eau, et les reprend à l'heure indiquée. Vous vous y déshabillez à l'aller, vous vous y rhabillez au retour.

De l'été sautons à l'hiver, et de la mer aux pins.

La senteur seule de ces arbres est sans condredit d'une toute puissante influence sur les maladies de poitrine : il sera bon aussi de boire régulièrement la sève de pin maritime fraîche. Ce ne sera pas là un grand accroissement de dépenses, car la bouteille coûte 30 centimes, et tous les jours l'usine de *la Caoudeyre* vous fera porter à domicile la quantité qui vous sera nécessaire.

Vous ferez bien de prendre plusieurs bains de sève de pin.

Maintenant passons aux plaisirs.

Je les diviserai en deux genres : les plaisirs dans Arcachon ; les plaisirs hors Arcachon.

Le centre des plaisirs dans Arcachon

11.

comme dans toutes les villes d'eaux c'est le *Casino*. Le Casino d'Arcachon est le plus vaste est le plus beau que j'aie vu. Une copie de l'Alhambra, dominant la mer, du milieu de jardins féeriques. Sous le grand escalier est le café. Au-dessus, la salle des bals et des concerts, immense, éblouissante, admirable. Quatre-vingt lustres l'éclairent le soir. A droite est le salon de lecture; tous les journaux sont à votre disposition; on lui a adjoint un cabinet de lecture, composé de 6,000 volumes. A gauche, le salon de conversation. Je m'abstiens de descriptions et d'éloges; vous serez charmé.

Dans les jardins, on voit jusqu'à des orangers, des aloës et des oliviers. Un pavillon, appelé le pavillon Mozart, abrite des concerts d'été, alors le café se transporte dans les pelouses. Plus loin est le théâtre *San-Carlino*, où des marionnettes amusent les enfants. Des jeux de toutes sortes, un tir au pistolet, un gymnase et un manége, sont installés à quelques pas.

Voici maintenant le tarif des entrées dans ce séjour de délices.

Tarif des entrées au Casino.

	ENTRÉES. de jour.	ENTRÉES. de nuit.
4 personnes	2f 50	5f 00
Par personne au-dessus de 4.	0 50	1 00
3 personnes	2 00	4 00
2 personnes	1 50	3 00
1 personne seule	1 00	2 00
Enfants de moins de 12 ans...	0 25	0 75

Abonnements aux entrées de jour et de nuit pour un mois.

4 personnes	64f
Par personnes au-dessus de 4	15
3 personnes	54
2 personne	40
1 personne seule	25
Enfants de moins de 12 ans	»

	de jour.	de nuit.
Entrée par domestique	0f 10	0f 20, et,

par abonnement, 8 fr. par mois.

L'abonnement de famille comprend le père, la mère et les enfants non mariés, âgés de moins de vingt-cinq ans. Les enfants de moins de douze ans, dont les familles sont abonnées, ne sont assujetis à aucune rétribution.

Nota. — L'Administration se réserve une soirée par semaine, pendant laquelle les abonnements sont suspendus. A l'exception de cette soirée, les abonnés jouissent, sans augmentation de prix, de toutes les fêtes de jour et de nuit qui sont données dans le Casino.

La délivrance des cartes d'abonnements a lieu au *bureau de l'administration du Casino, à Arcachon*, tous les jours, de huit heures du matin à 7 heures du soir.

Le manége donne, comme il est vraisemblable, des leçons de gymnastique et d'équitation. En voici le tarif :

Gymnase et manége Bertini au Casino

LEÇONS DE GYMNASTIQUE

les mardi, jeudi et samedi.

1° Pour les garçons; de 4 à 5 heures du soir;

2° Pour les demoiselles, de 5 à 6 heures du soir.

Prix des leçons : Un mois (3 fois par semaine), 20 fr.

— Une carte (12 cachets), 25 fr.

LEÇONS D'ÉQUITATION.

1° Pour les jeunes gens, tous les jours, de 6 à 8 heures du matin, et de 1 à 4 heures du soir;

2° Pour les dames, tous les jours, de 8 heures à midi.

Prix des leçons : Un mois (3 fois par semaine), 36 fr.

— Une carte (12 cachets), 40 fr.

Leçons en promenade, 6 fr,

Les plaisirs hors Arcachon sont les excursions. Je vous ai entretenu déjà de la plupart d'entre elles. Quatre moyens de vous promener vous sont donnés...

1° A pied. Pour cela, il ne vous faut qu'une bonne canne, et vous l'apporterez.

2° A cheval. Voici pour les chevaux :

Chevaux de selle

pour promenades et courses dans la forêt.

—

STATIONS

Boulevard de la Plage et des Écuries du Casino.

TARIF.

Les dimanches et jours fériés, 1 fr. 50 c. l'heure.
Les autres jours........... 1 » —

Selle de dame, 50 c. de supplément.

Ce sont de petits chevaux excellents et infatigables;

3° En voiture. Voici pour les voitures :

Tarif des voitures de place et de remise.

Le Tarif du prix des courses des voitures de place ou de remise, sur tout le territoire de la commune, est provisoirement fixé ainsi qu'il suit :

Pour chaque course :

Voiture à un cheval, à 2 ou 3 places	......	1f	50
id.	id. à 4 places et au-dessous.	1f	75
id.	à deux chevaux................	2	»

Pour chaque heure :

Voiture à un cheval, à 2 ou 3 places	......	2	50
id.	id. à 4 places et au-dessus.	3	»
id.	à deux chevaux................	4	»

La première heure sera payée en entier; les autres le seront par quart d'heure. Tout quart d'heure commencé sera entièrement dû.

Ce sont des voitures très-confortables, et les cochers sont polis;

4° Les bateaux.

Pendant l'été, le vapeur *le Bordelais* fait, quatre jours par semaine, des excursions :

Au phare et au cap Ferret;

A l'Océan ;

A la pointe du sud;

A l'île des Oiseaux.

Départs : *les dimanches, mardis, jeudis, vendredis.*

Prix des places :

1re classe	2 00
2e classe..........................	1 50

L'Emile Pereire va tous les jours en pêche à la grande mer.

Départ à 4 heures du matin.

Retour à une heure de l'après-midi.

PRIX DES PLACES : 5 francs par personne.

Outre ces bateaux à vapeur, tous les pêcheurs ont des barques, qu'ils s'empressent de vous offrir. Ici point de prix, chacun demande ce qu'il veut : vous traitez. Aujourd'hui, on réclame quarante sous, demain on exigera 10 francs.

Cela dépend du temps qu'il fait, et de la bonne volonté du patron.

Les excursions intéressantes sont, par terre :

La villa Pereire, un château magnifique, ayant un parc de 40 hectares. Il n'y a qu'à demander au gardien la permission de le visiter.

Notre-Dame-des-Passes ou *le Moulleau*, à quatre kilomètres. Résidence favorite du père Minjard.

La Teste, une petite ville assez laide, et dont je parle suffisamment ailleurs.

Par mer :

L'île des Oiseaux, qui a 6 kilomètres de tour. Beaucoup de lapins et de canards sauvages. Encore plus d'huîtres. Elle est située à environ 4 kilomètres d'Arcachon.

Le phare du cap Ferret. Il est situé à l'entrée du bassin. On le visite en s'adressant au gardien. On y peut boire.

Par la même occasion, on contemplera l'océan Atlantique dans toute sa majesté.

La pointe du Sud, qui est tout simplement l'autre côté de l'entrée du bassin. Même spectacle. On y visite *le Sémaphore*, poste télégraphique, qui transmet à terre les signaux de mer. On y trouve à déjeûner.

Il serait injuste d'omettre deux autres excursions, qui sont presque des voyages, mais qui valent la peine d'être tentées. La première est l'*étang de Cazeaux*. Voyez mon voyage dans les Landes. Espérer aller à Cazeaux autrement qu'à pied me paraît une fatuité... et vous n'êtes pas capables d'achever cet énorme trajet. Je vous conseille de prendre une voiture, et d'aller directement à Sanguinet, où vous verrez l'étang.

La seconde est *le Truc de la Truque*. C'est tout simplement la dune la plus haute entre les dunes. De son sommet, on voit jusqu'aux étangs de Parentis et de Biscarosse.

Je ne vois pas maintenant ce que vous pourriez me demander de plus. Je vous ai indiqué où vous loger, comment dîner, comment vous soigner, et comment vous amuser. Pour les détails et les changements, je vous renvoie au *Courrier d'Arcachon*, un excellent petit journal, qui n'est pas plus sot qu'un grand, et que vous trouverez là-bas, jouissant du plus légitime succès.

TABLE

OUVRAGES DU MÊME AUTEUR.

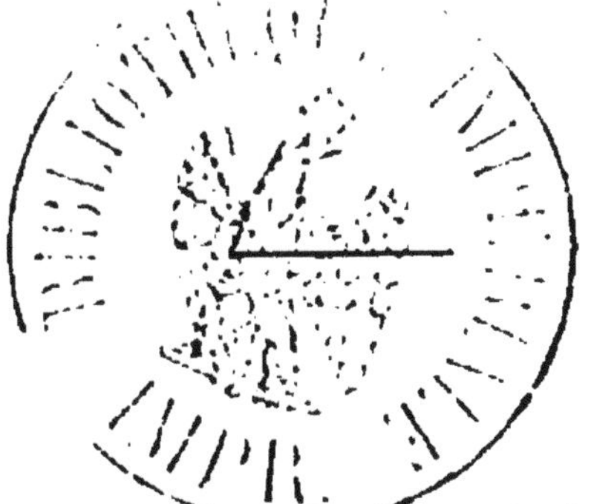

Le Tour du Monde Parisien.

Les Compagnons de la Marjolaine.

Typ. de Cosson et comp., rue du Four-Saint-Germain, 43.

www.ingramcontent.com/pod-product-compliance
Ingram Content Group UK Ltd.
Pitfield, Milton Keynes, MK11 3LW, UK
UKHW020457200726
13857UKWH00002B/748